5

→ 7 页

6

→ 8 页

7

→ 9 页

→ 10 页

13

→ 16 页

14

→ 17 页

15

→ 18 页

16

→ 19 页

21

→ 26 页

22

→ 27 页

23

→ 28 页

24

→ 29 页

●本书编织图中未标明单位的数字均以厘米（cm）为单位。

European
1
hand-knitting

这款插肩袖开衫上圆滚滚的枣形针花样很吸引眼球。使用比较蓬松的线材，实际编织效果比想象中更加蓬松、轻柔。

使用线：L'INCANTO no.9
编织方法：34页

European

2

hand-knitting

用优质的马海毛线，编织手感轻柔的简约风开衫。使用柠檬黄色线编织英式罗纹针，让刻板的开衫变得清爽，穿上很随性。

使用线：Julika Mohair

编织方法：40页

European

3

hand-knitting

这是一款颇具匠心的乡村风圆育克毛衫。宽松的版型配上略短的袖子，很方便穿脱。身片和袖子的配色花样互相衔接，设计得很用心。

使用线：Soft Donegal
编织方法：37页

European
4
hand-knitting

这款马甲的前后身片款式相同，编织起来很方便。肋部设计了长开衩，看着很时尚。前身片两侧设计了蕾丝般的锯齿状花样，别有意趣的颜色演绎出了特别的感觉。

使用线：British Eroika
编织方法：44页

European

5

hand-knitting

巧妙设计的编织花样仿佛是配色编织一般，独特线材编织的扇形蕾丝花样给人一种特别的感觉。从后身片中心起针，分别向左右横向编织，前后身片连在一起。

使用线：Husky

编织方法：42页

European

6

hand-knitting

这是和第 9 页乳白色毛衣配套的围脖。编织长方形织片，然后将编织起点和编织终点连接成环形。围脖没有围巾的编织量大，适合初学者尝试。

使用线：L'INCANTO no.5
编织方法：45页

European

7

hand-knitting

在身片上随意布局上针和下针组成的基础花样，再配上交叉针和镂空花样，编织一件带有拼布风的毛衫。五种不同风格的编织花样连在一起编织，很是不可思议！

使用线：L'INCANTO　no.5

编织方法：46页

European

8

hand-knitting

前身片使用超级粗竹节纱线做锯齿状的下针编织，衣领设计成利落的V领。后身片使用相对细一点的极粗平直毛线编织镂空花样。同色系的不同线材搭配在一起，有一种别样的感觉。

使用线：Slub Eroika、British Eroika

编织方法：49页

后中心全开口，仅用2颗纽扣连接，穿在身上很随性。下摆、后门襟、袖口都没有做边缘编织，直接使用最终行的针目，率性十足。

European

9

hand-knitting

这是一款比较有分量感、简单的双面拉针的英式罗纹针编织的围巾。什么都不用想，只需一针一针地向前编织即可。一起度过这段难得的悠闲编织时光吧。

使用线：L' INCANTO no.9
编织方法：48页

European

10

hand-knitting

这是一款手感细腻、柔软的落肩袖毛衣，宽松的款式穿着很舒服。使用沉静的蓝色线编织大颗粒泡泡针，不会过于甜美。

使用线：Monarca

编织方法：52页

European

11

hand-knitting

从袜口开始做环形编织，编织一个筒状物，然后编织袜头，最后编织袜跟。这是一款不需要引返编织的简单毛袜。手编的袜子非常暖和，穿上一次就不想穿别的袜子了。编织一双，准备过冬吧。

使用线：L' INCANTO no.5

编织方法：54页

European

12

hand-knitting

这是一款石垣花样的开衫，小翻领增加了女性魅力。袖口是宽松的，设计简单。颜色丰富的段染线呈现出来的神秘色彩也很吸引人。

使用线：Mille Colori Baby

编织方法：56页

European
13
hand-knitting

将蓬松柔软的花式纱线和马海毛线并为一股，编织自然色系的开衫。宽松的中长款，出门时可随手披上，非常方便。大大的口袋，可以代替手套。

使用线：Pelage、Julika Mohair
编织方法：60页

European

14

hand-knitting

这款印花线颜色的呈现方法非常独特，和轻软的流行花式纱线并为一股，编织了此款方形包包。包身钩织短针和长针组成的变形的枣形针，有一种微妙的感觉。

使用线：Husky、Nuvola

编织方法：62页

European

15

hand-knitting

身片使用菱形花样，衣袖使用3条麻花花样，这样的阿兰花样不会给人太突兀的感觉。提高完成度的关键在于，将上针编织部分织得漂亮一些。

使用线：Boboli

编织方法：64页

European

16

hand-knitting

从下摆、袖口开始一圈圈地编织，就完成了这款圆育克毛衫，无须缝合。衣袖和育克布局了大大的树叶花样，就像层层波浪，给织片带来宽松的感觉。

使用线：Princess Anny

编织方法：66页

European

17

hand-knitting

编织效果很像配色花样。这件马赛克花样的马甲，乍看之下编织方法很复杂，其实只需编织起伏针，每2行换色即可。尝试一下滑针带来的魔法效果吧。

使用线：Alba
编织方法：70页

肩部开口和胁部开衩等细节都设计得别具匠心。后身片非常简单，用烟青色线编织下针和上针组成的方块花样。

European

18

hand-knitting

这是一件钩针编织的三角形披肩，让普通的衣服焕发光彩。它使用了绿色、橙色、紫色系段染等优美如画的颜色，给人留下深刻的印象。

使用线：Mille Colori Baby
编织方法：74页

a

b

使用不同颜色的线材重新编织了一件披肩。色调柔和的七彩披肩，给人一种明媚的感觉。它用了3团线，比作品a尺码略小，轻便好用。

使用线：Mille Colori Baby

编织方法：74页

European

19

hand-knitting

这是一款不挑体形、百搭的波莱罗上衣。按照左前身片、后身片、右前身片的顺序横向编织，缝合前后身片的胁部即可，非常容易编织。

使用线：Mille Colori 200G

编织方法：69页

European

20

hand-knitting

这款帽子只需一团线就可以完成。非常受人欢迎的植物花样，像树木的果实，像嫩芽。款式偏中性，男女都可以佩戴，很适合当作礼物送给朋友。

使用线：L' INCANTO no.9

编织方法：76页

European
21
hand-knitting

用非常庄重的蓝色，编织优雅的一粒扣短上衣。从后身片下摆开始编织至衣袖、肩部，继续编织至前身片的下摆，连起来编织，一气呵成。

使用线：Queen Anny
编织方法：77页

European

22

hand-knitting

一根一根地编织手指，认真地横向编织的五指手套。手掌和手背用色彩丰富的段染线编织，缝合时使用单色线。在寒冷的冬天出门时，开心地戴上吧。

使用线：Mille Colori Baby、Puppy New 3PLY

编织方法：82页

European

23

hand-knitting

这是一款佩戴后不影响手指活动的无指手套。手背使用了毛茸茸的、柔软的花式纱线。不需要加减针，等针直编时留出拇指孔即可。

使用线：Pelage、Monarca
编织方法：85页

European

24

hand-knitting

将4片大大的方形花片组合在一起，编织成这件让人穿上后精神满满的背心。整体以长针为基础，花片上缀满立体的枣形针。后身片钩织长针。

使用线：Meteor
编织方法：86页

European
25
hand-knitting

宽宽的提手非常时尚，包口装饰着花式纱线，给这款包包增加了时尚感。
它很适合出门时拎着，也适合用于室内收纳。

使用线：Nuvola、Libellula
编织方法：92页

European
26
hand-knitting

这是一款雏菊花样的开衫，高低起伏的花样像一道道波浪，非常可爱。边缘使用2种混合色编织配色花样，看起来似乎很复杂。

使用线：Lecce
编织方法：89页

本书用线一览

图片为实物粗细

线名	成分	粗细	色数	规格	线长	用针号数	标准下针编织密度	特征
1 Monarca	羊驼毛70% 羊毛30%	极粗	10	50g/团	89m	8~10号	17~18针 23~24行	这款极粗毛线使用了品质卓越的羊驼毛，织出来的衣物手感温润，带着特有的光泽，非常优美。
2 Husky	羊毛50%（使用100%超细美利奴羊毛）腈纶50%	粗	9	100g/团	300m	6~8号	19~20针 28~29行	可以自然地呈现出美丽的配色花样，编织出只属于自己的独特风格，这是它的魅力之一。
3 L' INCANTO no.9	羊毛100%	极粗	4	50g/团	83m	10~12号	16~17针 22~23行	它是极粗毛线,有4种颜色。柔软中带着适中的弹性，编织出来的织片色泽和手感俱佳，蓬松柔软。最适合编织阿兰花样和基础花样。
4 Lecce	羊毛90% 马海毛10%	中细	8	40g/团	160m	4~6号	24~25针 30~31行	将品质优良的马海毛线做成7色段染线。将2种颜色纺在一起，做成多色混合段染线。
5 Queen Anny	羊毛100%	中粗	55	50g/团	97m	6~7号	19~20针 27~28行	这款原创线带着柔软的弹性和优美的光泽，可以自由配色。颜色丰富多样，使用起来很方便。
6 Julika Mohair	马海毛86%（使用100%超级小马海毛） 羊毛8%（使用100%超细美利奴羊毛） 锦纶6%	中粗	14	40g/团	102m	8~10号	15~16针 20~21行	使用了超级小马海毛和超细美利奴羊毛，是非常高档的线材。织出来的衣服非常轻柔，手感绝佳，还带着微妙的感觉。
7 Meteor	羊毛100%	粗	7	40g/团	112m	5~7号	21~22针 29~30行	这是一款平直毛线，舒缓的段染色中加入了有韵律的着重色。它们浮在织片上，就像空中的流星。
8 L' INCANTO no.5	羊毛100%	粗	4	40g/团	124m	5~7号	22~23针 30~31行	一款粗毛线，有4种颜色。柔软中带着适中的弹性，编织出来的织片色泽和手感俱佳，蓬松柔软。最适合编织阿兰花样、基础花样和蕾丝花样等。
9 Mille Colori 200G	羊毛50% 腈纶50%	中粗	5	200g/团	380m	7~9号	18~19针 25~26行	带着适中的光泽，色彩多样，是一款非常有魅力的段染线。每团200g，如果是编织小物，一团就够用了，毛衣也只需要用2~3团。
10 Alba	羊毛100%（使用100%超细美利奴羊毛）	粗	20	40g/团	105m	6~7号	23~24针 31~32行	使用100%美利奴羊毛中品质最高的超细美利奴羊毛，兼具优美的光泽和柔和的触感。无论编织什么，都很漂亮。
11 Nuvola	聚酯纤维100%	中粗	12	50g/团	111m	11~13号	16~17针 22~23行	有弹性，很轻柔，让人想起夏日天空飘浮的云朵。打湿后很容易晾干，颜色种类丰富，尤其适合编织包包等夏日小物。
12 Soft Donegal	羊毛100%	中粗	8	40g/团	75m	8~10号	15~16针 23~24行	它是产自爱尔兰岛北部多尼戈尔郡（County Donegal）的传统粗花呢线。上面的结粒也是羊毛材质的，弹性适中，易于编织。
13 Slub Eroika	羊毛100%（英国羊毛50%以上）	超级粗	10	100g/团	82m	7~9mm	9~10针 13~14行	将英式艾罗依卡设计成了粗粗的竹节线，很适合大人使用。色调带着混合色的感觉，让织片看起来更有韵味。
14 Boboli	羊毛58% 马海毛25% 真丝17%	粗	15	40g/团	110m	5~7号	22~23针 28~29行	纺织时，刻意抑制了真丝的感觉，更加强调阴影。带着优美的光泽，有一种微妙的感觉，是一款时尚的万能线。
15 Puppy New 3PLY	羊毛100%（防缩加工）	细	30	40g/团	215m	1~3号（手编机）	31~32针 45~46行	这是一款多年以来一直受人欢迎的细毛线，生产过程中使用了防缩工艺，非常实用，而且颜色种类丰富，色泽优美。有30种颜色可供选择。
16 Mille Colori Baby	羊毛100%（使用100%美利奴羊毛）	中细	6	50g/团	190m	3~5号	25~26针 32~33行	色泽优美，Fine Merino100%，材质柔软，无论是编织小物，还是编织毛衣，都很合适。
17 Pelage	羊驼毛63%（宝贝羊驼）锦纶26% 羊毛11%	极粗	8	50g/团	88m	12~14号	10~11针 16~17行	这是一款非常有魅力的高级混合色毛线，轻柔、蓬松，带着微妙的感觉。线材纤细，手感美妙至极。
18 Princess Anny	羊毛100%（防缩加工）	粗	35	40g/团	112m	5~7号	21~22针 28~29行	这是多年以来一直受人喜爱的经典毛线的最新款。无论是用来编织配色花样，还是当作底色线，都很漂亮。
19 Libellula	羊毛87%（超级水洗羊毛） 锦纶13%	超级粗	6	50g/团	35m	14号~7mm	8~9针 15~16行	这款花式纱线像蜻蜓一样，形状非常可爱。非常适合用在毛衣的衣领或边缘，以起到画龙点睛的作用，也适合编织小物。
20 British Eroika	羊毛100%（英国羊毛50%以上）	极粗	35	50g/团	83m	8~10号	15~16针 21~22行	加入弹性优秀的英国羊毛，使这款线材摸起来更加轻柔。粗细程度恰到好处，很容易编织，无论是初学者还是老手，这款毛线都很受欢迎。

●线的粗细仅作为参考，标准下针编织密度是制造商给的数据。

●此表所列均为常用数据，具体见作品。

1 | 3页

作品的编织方法

●**材料** L'INCANTO no.9（极粗）乳白色（901）470g/10团

●**工具** 棒针11号、10号，钩针10/0号

●**成品尺寸** 胸围104cm，衣长51.5cm，连肩袖长60.5cm

●**编织密度** 10cm×10cm面积内：编织花样16针，23行

●**编织要点** **后身片** 手指起针，从下摆开始编织单罗纹针，然后做编织花样，胁部等针直编。腋下针目做伏针收针，插肩线参照图示在端头第3针和第4针编织减针。衣领开口处的针目做伏针收针。**前身片** 起针方法和后身片相同，前门襟和身片一起编织起伏针。左右对称编织2片。**衣袖** 另线锁针起针，袖下在端头1针内侧编织右加针、左加针。袖口解开另线锁针挑针，编织单罗纹针，根据针目做伏针收针。**组合** 胁部、袖下、插肩线使用毛线缝针做挑针缝合，腋下做下针的无缝缝合。衣领从前后领窝挑针，编织9行起伏针，然后从反面做伏针收针。

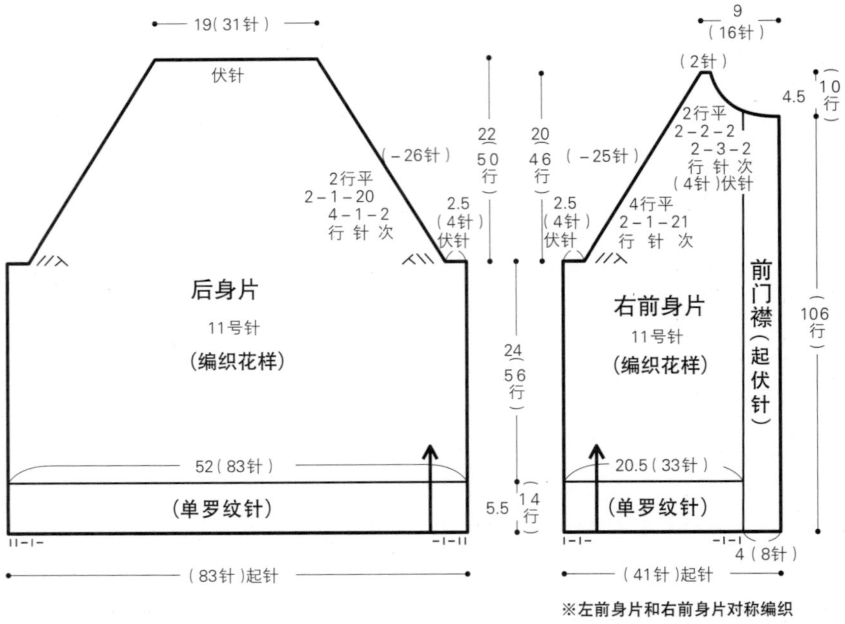

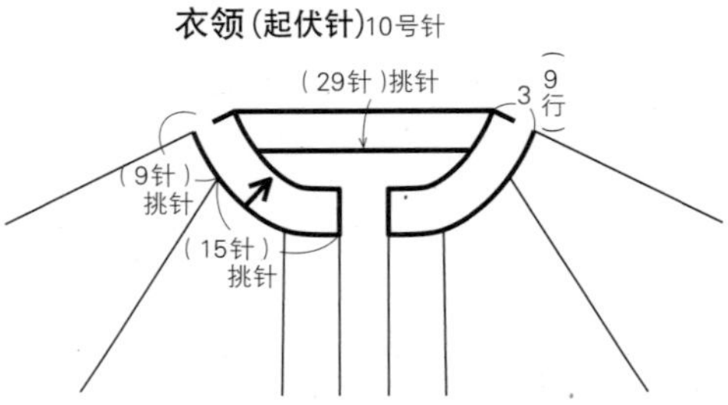

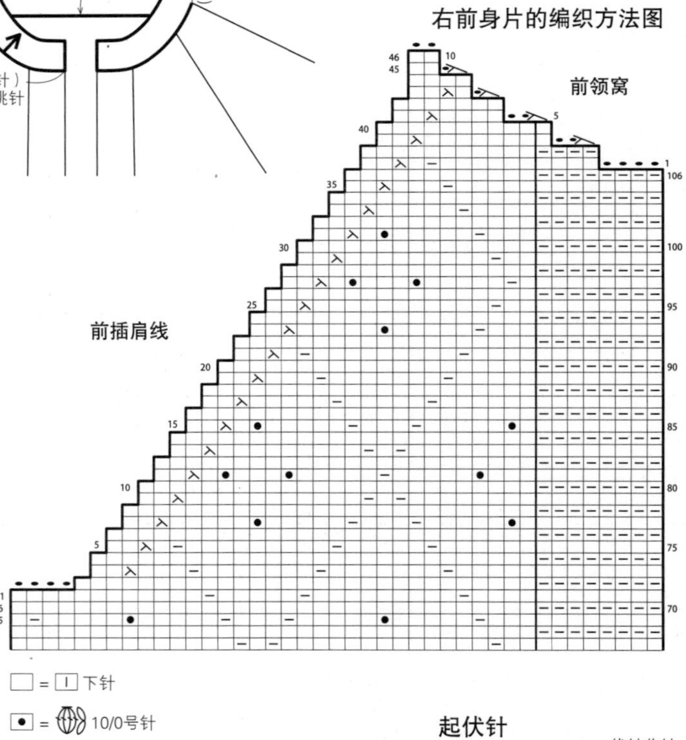

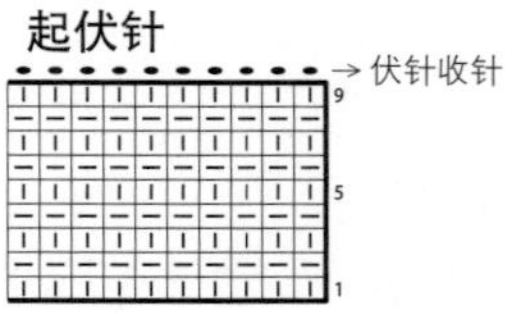

后身片的编织方法图

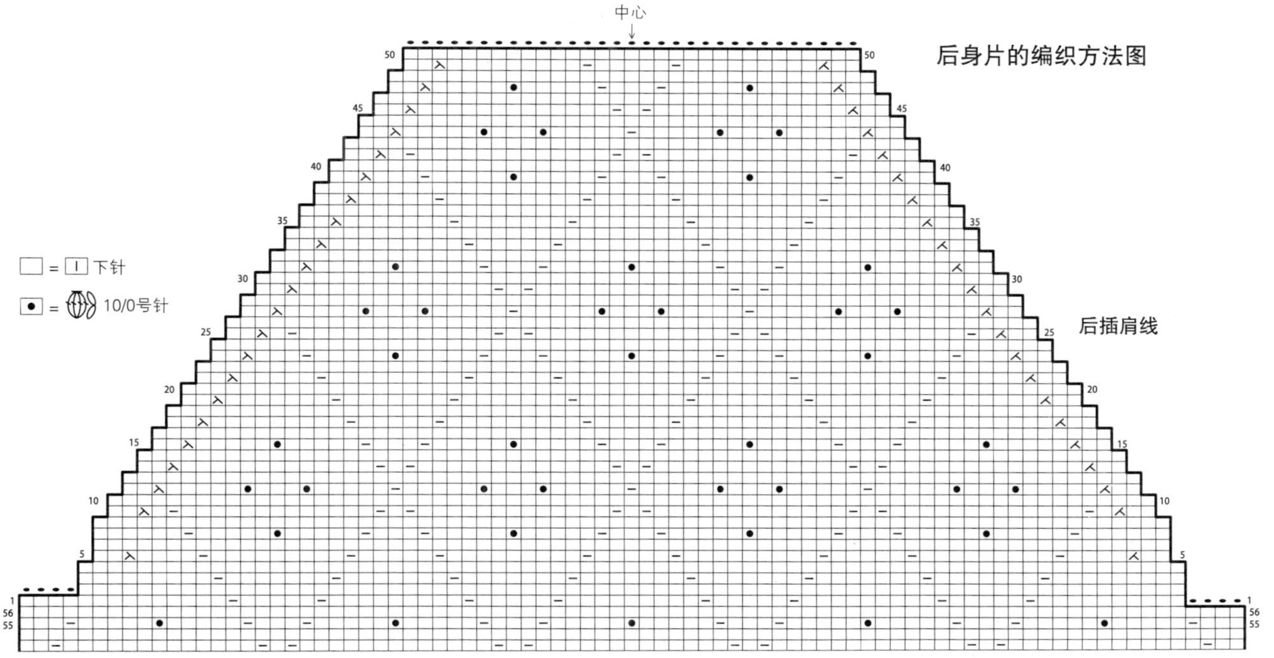

编织花样

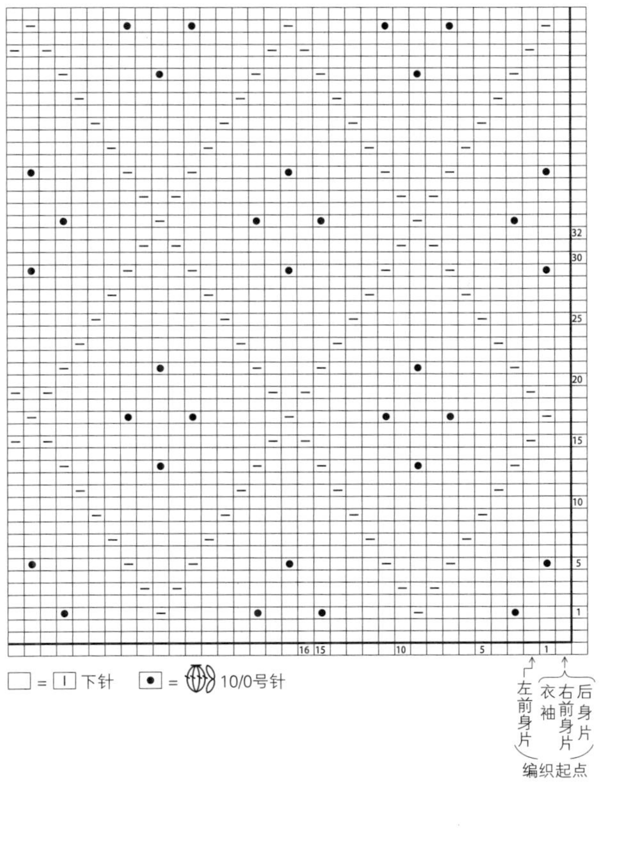

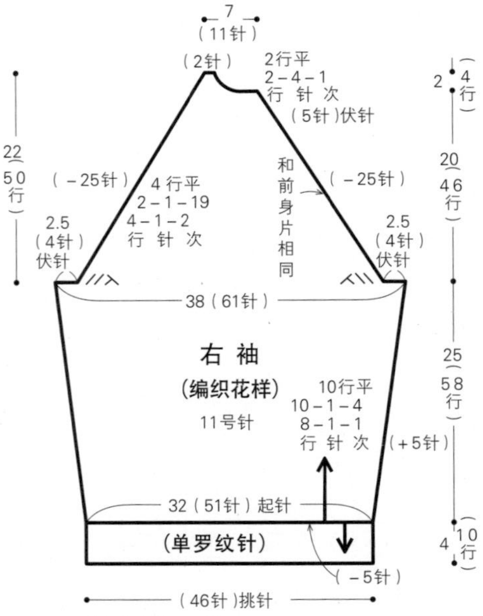

※左袖和右袖对称编织

衣袖的编织方法图

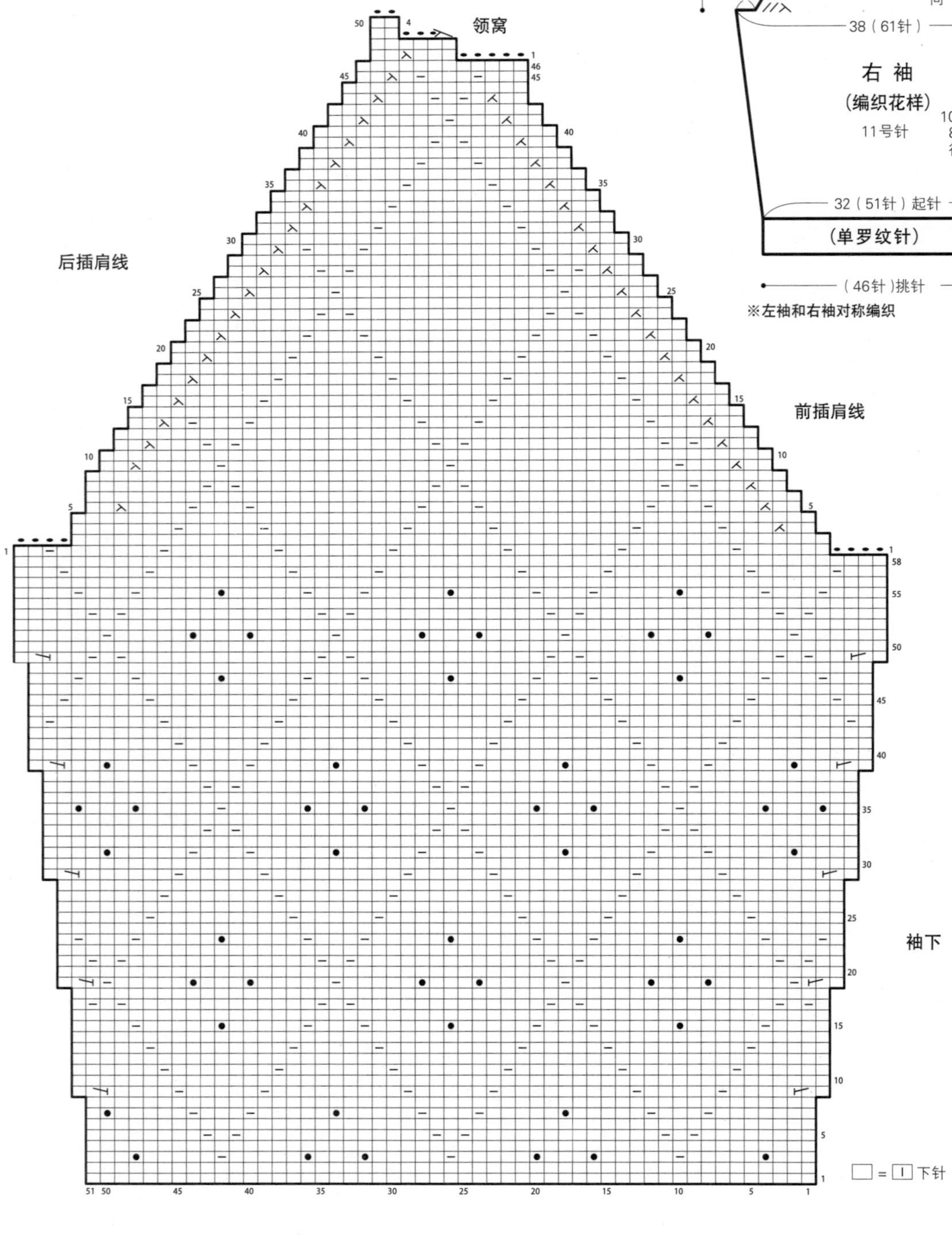

□ = ▯ 下针　● = 10/0号针

3

5页

●**材料** Soft Donegal(中粗)米黄色(5218)270g/7团、酒红色(5216)115g/3团、灰色(5229)100g/3团、蓝色(5248)10g/1团

●**工具** 棒针9号、8号

●**成品尺寸** 胸围106cm，衣长55cm，连肩袖长63.5cm

●**编织密度** 10cm×10cm面积内：配色花样18针，22行

●**编织要点** **配色花样** 横向渡线编织配色花样。**前后身片** 手指起针，从下摆开始编织双罗纹针，环形编织。肋长部分编织配色花样。腋下针目休针，编织前后身片的前后差，休针。**衣袖** 另线锁针起针，编织配色花样，袖下在1针内侧编织右加针和左加针。袖口解开另线锁针挑针，编织双罗纹针。根据针目做伏针收针。**育克** 从前后身片、衣袖挑针，参照图示一边分散减针，一边编织。衣领接着育克编织双罗纹针，根据针目做伏针收针。**组合** 袖下使用毛线缝针做挑针缝合，腋下针目做下针的无缝缝合和对齐针与行缝合。

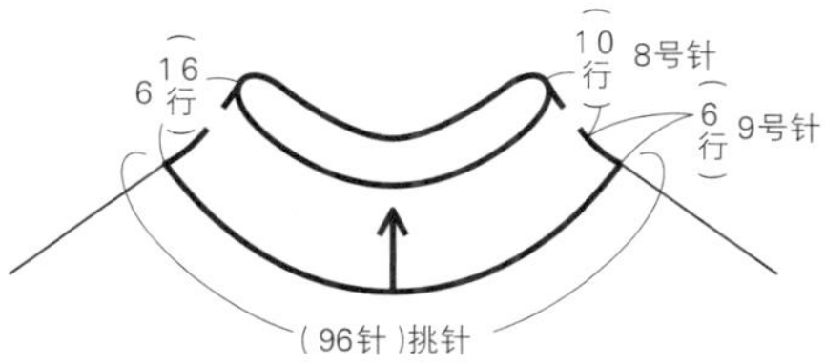

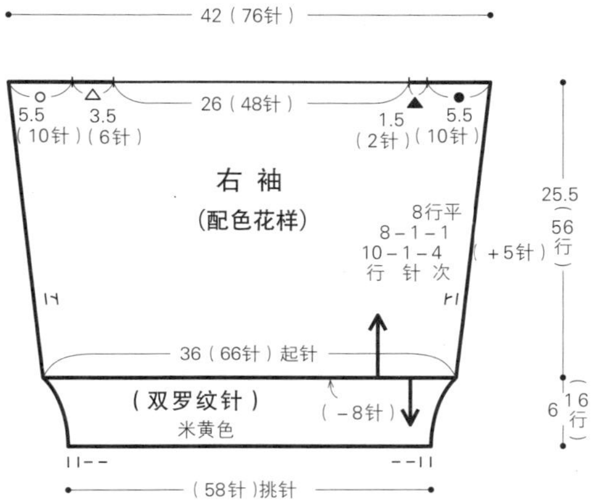

※左袖和右袖对称着做对齐标记，然后分别缝合

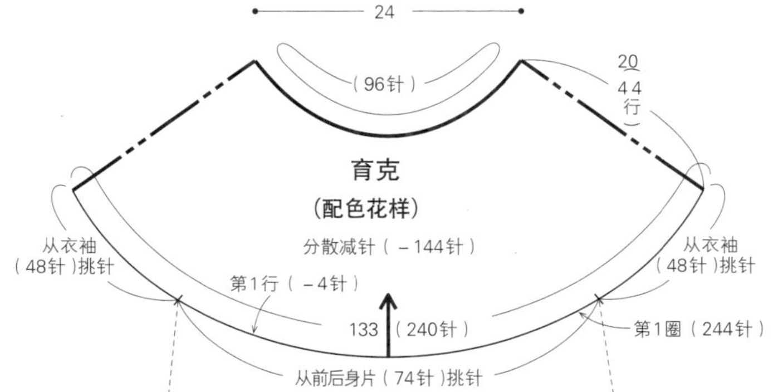

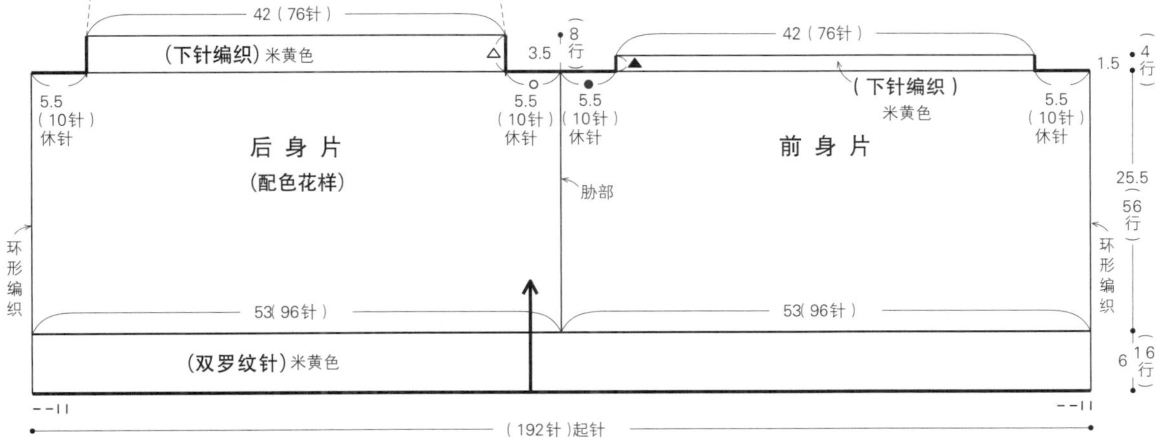

※除指定以外均用9号针编织

配色花样（育克）

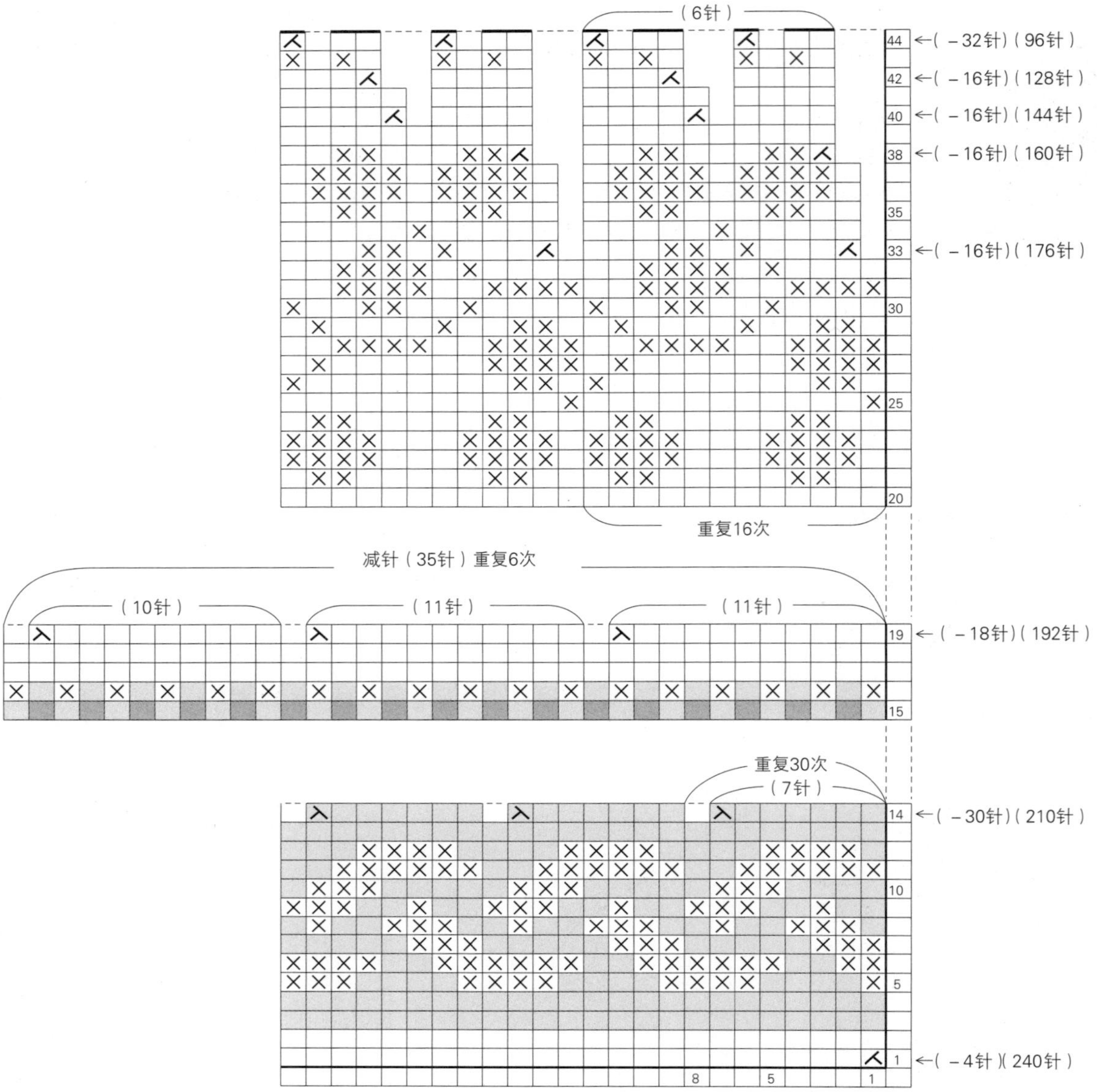

配色花样（横向渡线的方法）

看着正面编织的行

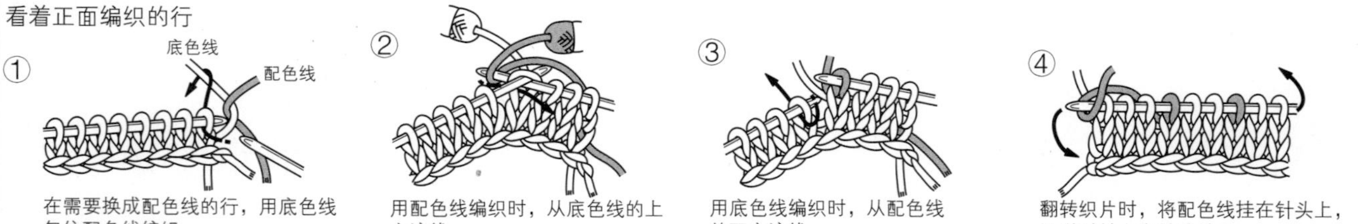

① 在需要换成配色线的行，用底色线包住配色线编织。

② 用配色线编织时，从底色线的上方渡线。

③ 用底色线编织时，从配色线的下方渡线。

④ 翻转织片时，将配色线挂在针头上，沿逆时针方向转动针头。

看着反面编织的行

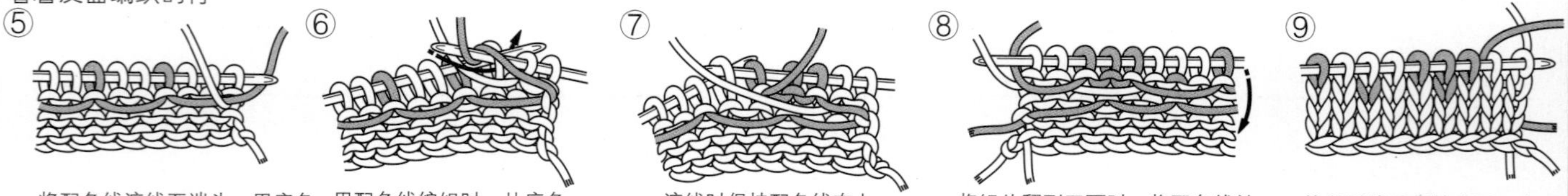

⑤ 将配色线渡线至端头，用底色线包住配色线编织。

⑥ 用配色线编织时，从底色线的上方渡线。

⑦ 渡线时保持配色线在上，底色线在下。

⑧ 将织片翻到正面时，将配色线放在后面，沿顺时针方向转动针头。

⑨ 编织时线团保持在同一个位置，保持配色线在上，渡线至端头。

配色花样（身片、衣袖）

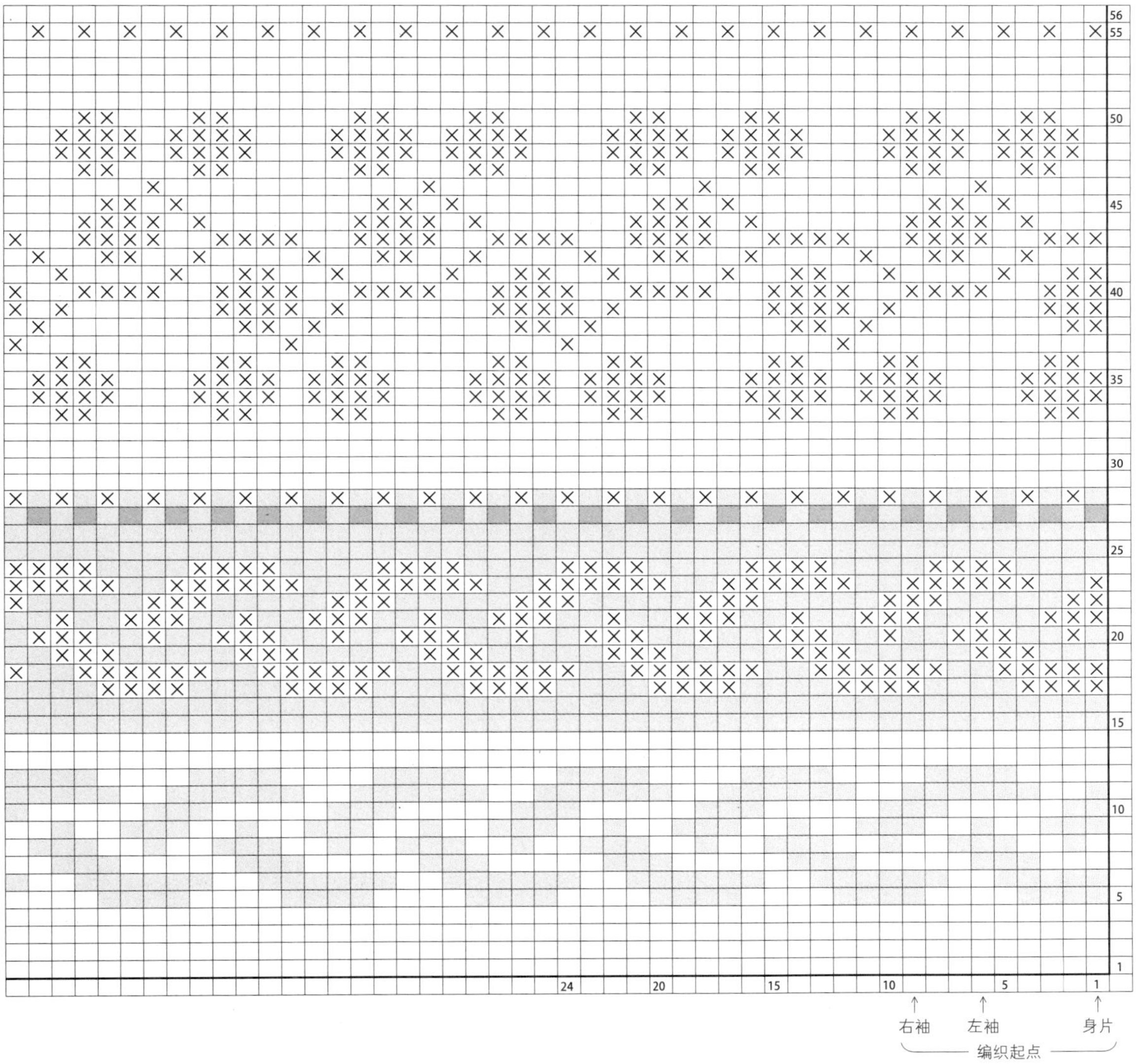

□ = 米黄色　□ = 灰色　⊠ = 酒红色　■ = 蓝色

2 | 4页

●**材料** Julika Mohair(中粗)柠檬黄色(313) 270g/7团，直径2.5cm的纽扣5颗

●**工具** 棒针8号

●**成品尺寸** 胸围95cm，肩宽32cm，衣长54.5cm，袖长54.5cm

●**编织密度** 10cm×10cm面积内：编织花样14针，26行

●**编织要点** **后身片** 手指起针，从下摆开始编织单罗纹针，胁部做编织花样，等针直编。袖窿、领窝编织伏针和立起侧边1针减针。肩部做引返编织，休针。**前身片** 按照后身片的方法起针和编织。左右对称编织2片。**衣袖** 按照后身片的方法起针。袖下在1针内侧编织扭加针。袖山最终的针目做伏针收针。**组合** 肩部将前后身片正面相对对齐，做盖针接合。胁部、袖下使用毛线缝针做挑针缝合。前门襟、衣领从相应位置挑针，编织单罗纹针，根据针目做伏针收针。衣袖钩织引拔针接合于身片。左前门襟缝上纽扣。

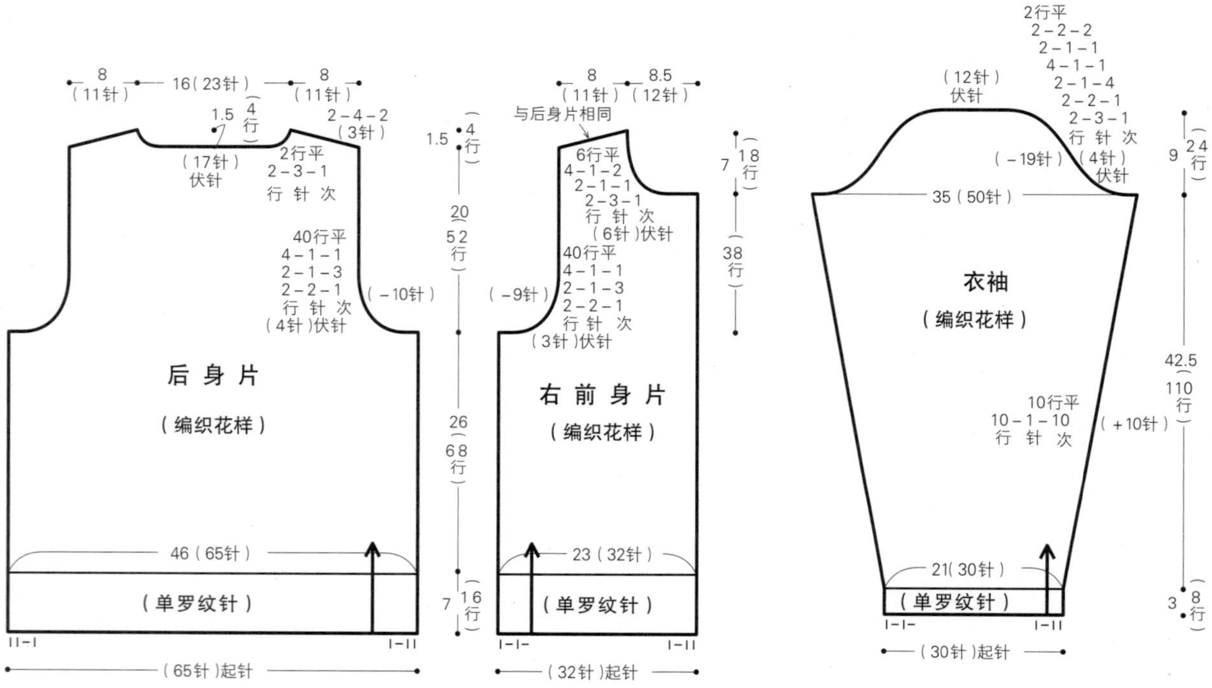

※全部使用8号针编织

※左前身片和右前身片对称编织

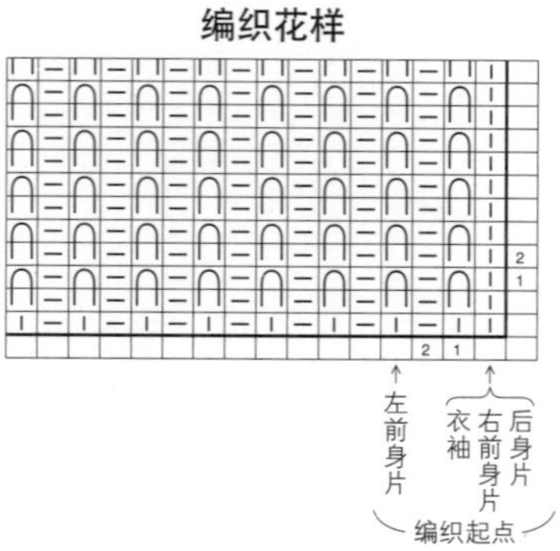

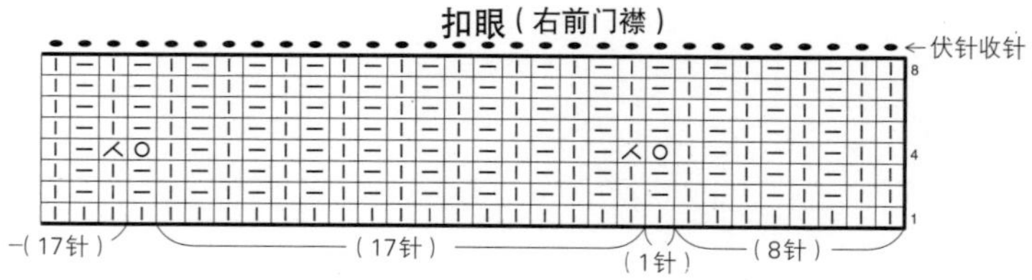

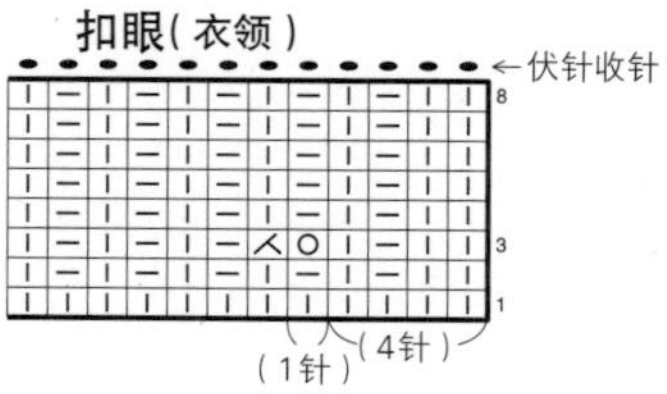

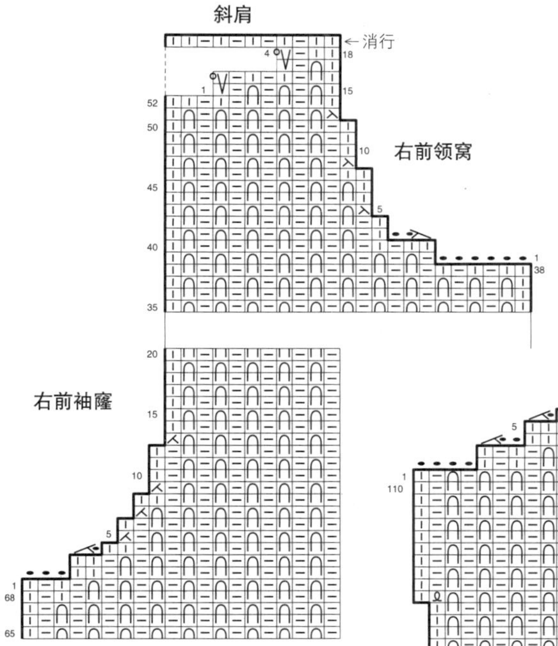
斜肩
←消行
右前领窝
右前袖窿

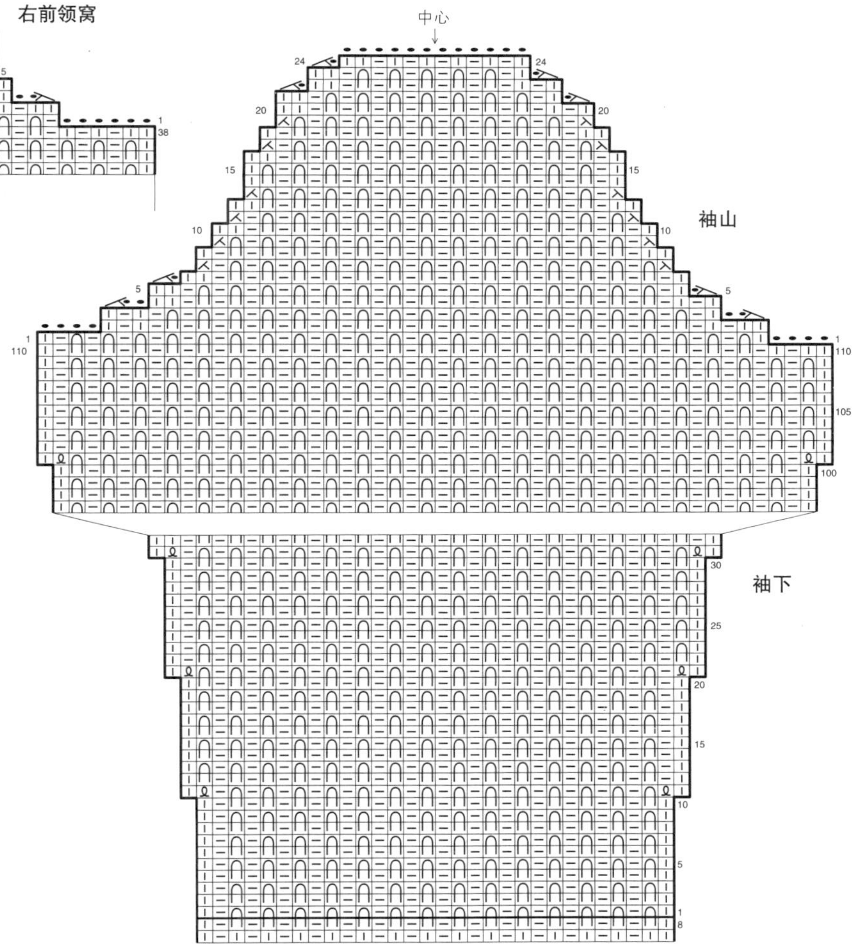
中心
袖山
袖下

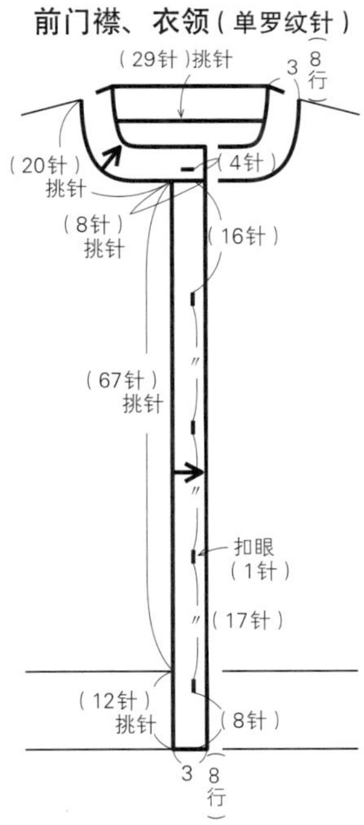
前门襟、衣领（单罗纹针）
（29针）挑针
3 8行
（20针）挑针
（4针）
（8针）挑针
（16针）
（67针）挑针
扣眼（1针）
（17针）
（12针）挑针
（8针）
3 8行

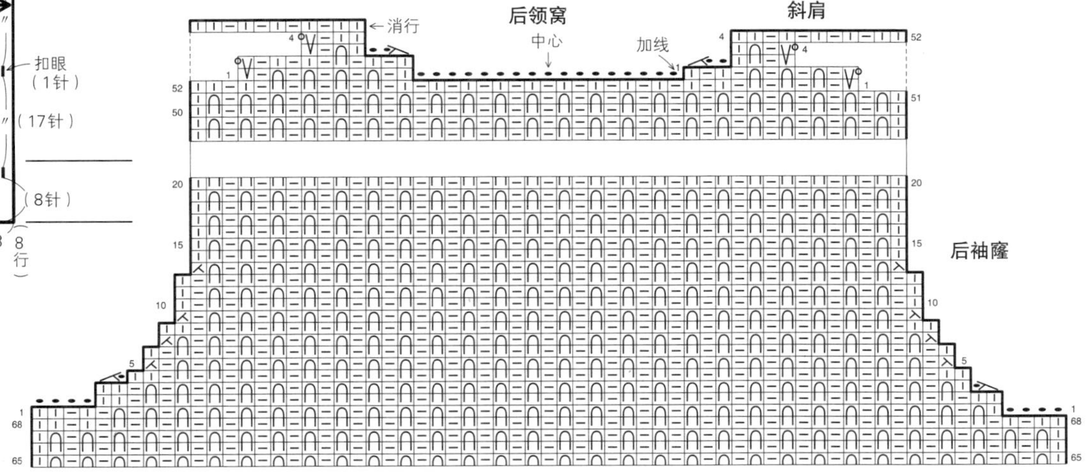
←消行
后领窝
中心
加线
斜肩
后袖窿

5 | 7页

●**材料** Husky(粗)绿色、蓝色系段染线(335) 180g/2团

●**工具** 棒针6号

●**成品尺寸** 胸围96cm，衣长50cm

●**编织密度** 10cm×10cm面积内：编织花样17针，31行

●**编织要点** 横向编织。**前后身片** 右后身片和右前身片用手指起171针，前后将身片连在一起编织22行起伏针，然后做编织花样。肋部39针休针。袖口编织5行起伏针，从反面做伏针收针。另一侧参照图示编织，左前身片用手指在前门襟起针93针，左后身片挑起78针，编织起伏针和编织花样。**组合** 在肋部△、△和★、★相同标记处，正面相对对齐做引拔接合。

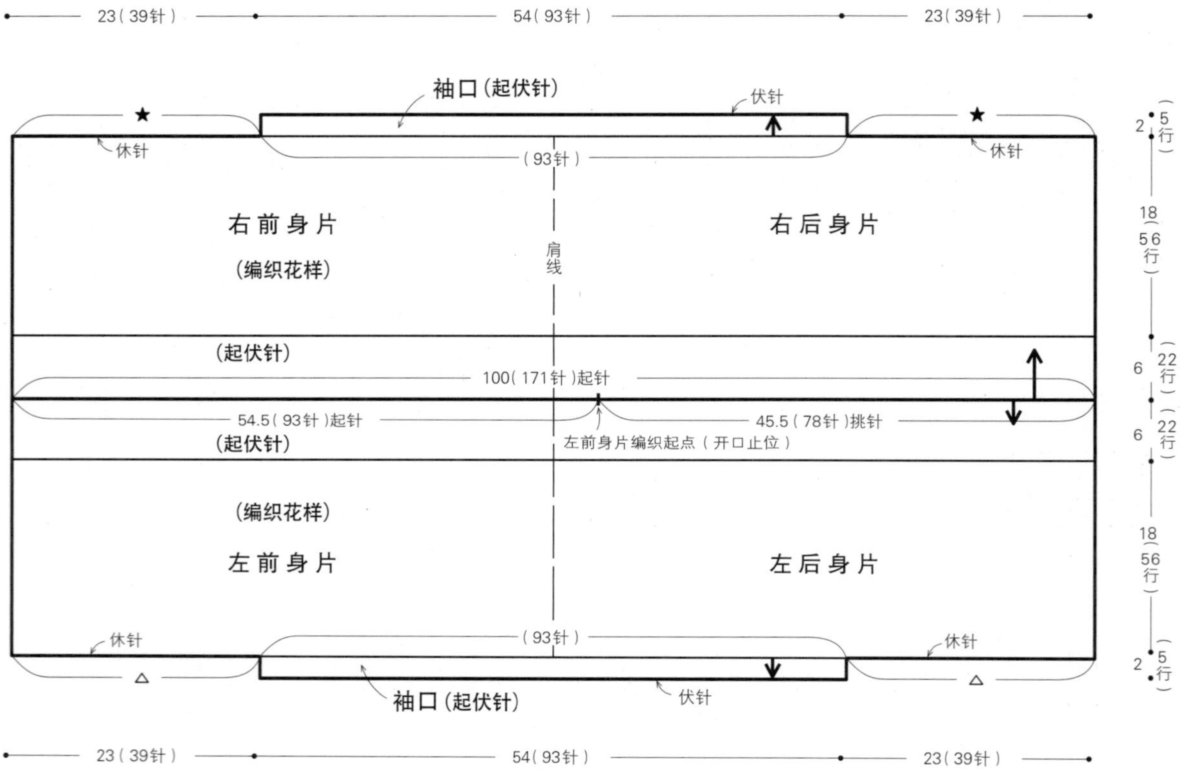

※全部使用6号针编织

※对齐相同标记做引拔接合

编织花样

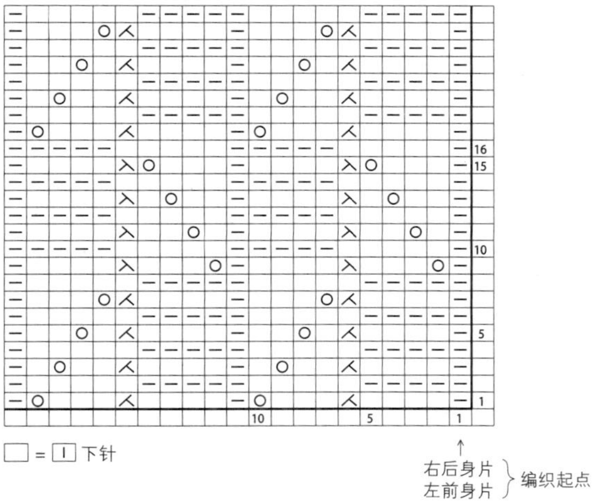

□ = 丨 下针

起伏针

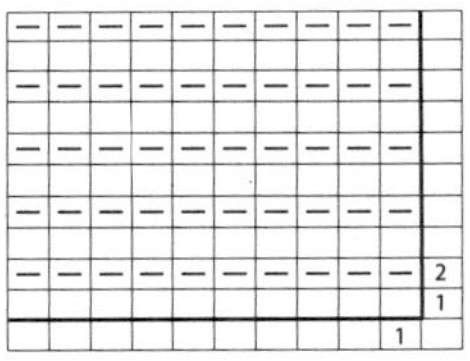

□ = 丨 下针

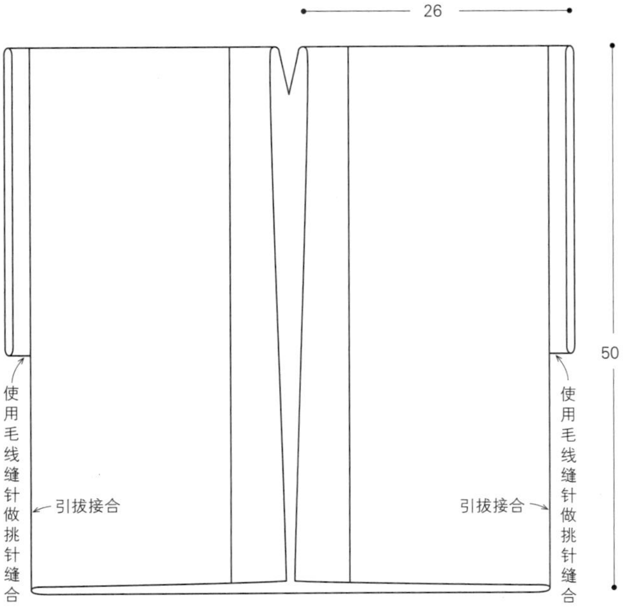

袖口的编织方法图

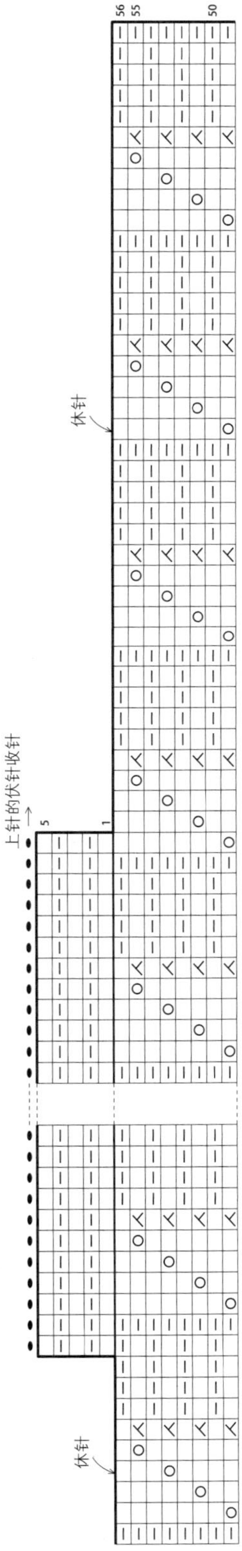

□ = 丨 下针

4 | 6页

●**材料** British Eroika(极粗)紫色(183)315g/7团

●**工具** 棒针9号

●**成品尺寸** 胸围98cm，衣长50cm，连肩袖长24.5cm

●**编织密度** 10cm×10cm面积内：下针编织、编织花样均为18.5针，23行

●**编织要点** **前后身片** 手指起针，从下摆开始编织，按照图示做编织花样和单罗纹针。单罗纹针编织12行，然后做下针编织。在下摆开衩位置和袖口用毛线做记号。领窝编织伏针和立起侧边1针减针，肩部休针。编织2片相同形状的织片。**组合** 肩部将前后身片正面相对对齐，做引拔接合。胁部留出袖口和开衩，使用毛线缝针做挑针缝合。衣领从前后领窝挑针，环形编织单罗纹针，编织终点做单罗纹针收针。

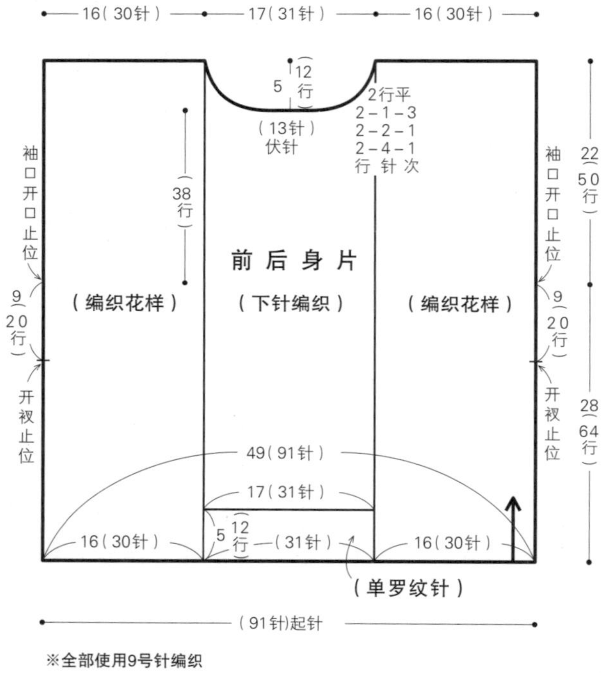

※全部使用9号针编织

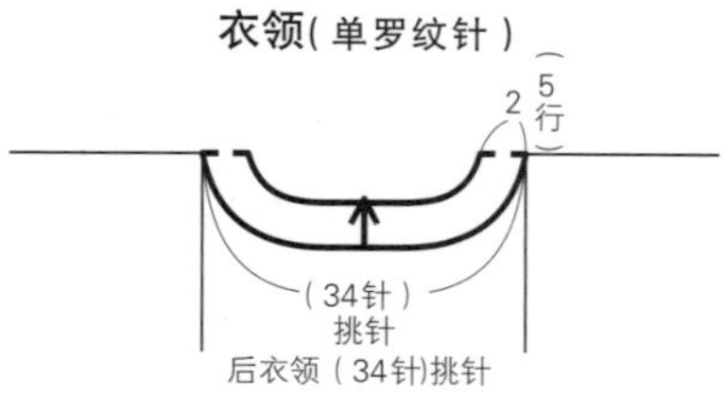

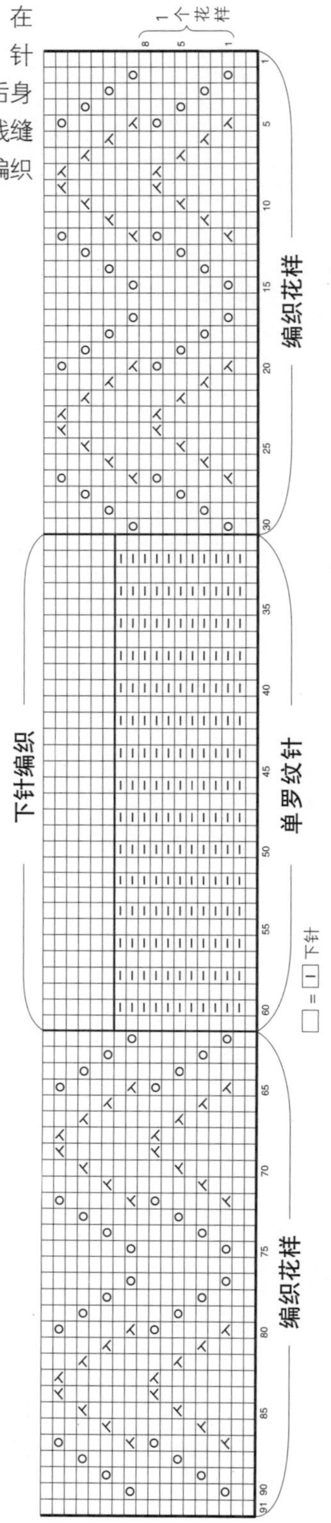

6 | 8页

●**材料** L’INCANTO no.5（粗）**作品a**：乳白色（501）80g/2团。**作品b**：米色（502）80g/2团

●**工具** 棒针6号

●**成品尺寸** 宽30cm，长31cm

●**编织密度** 10cm×10cm面积内：下针编织24针，31行

●**编织要点** 手指起针开始编织。两端编织起伏针，按照图示布局编织花样A、下针编织、编织花样B，等针直编。编织终点休针。将编织起点和编织终点正面相对对齐，钩织引拔针连接成环形。

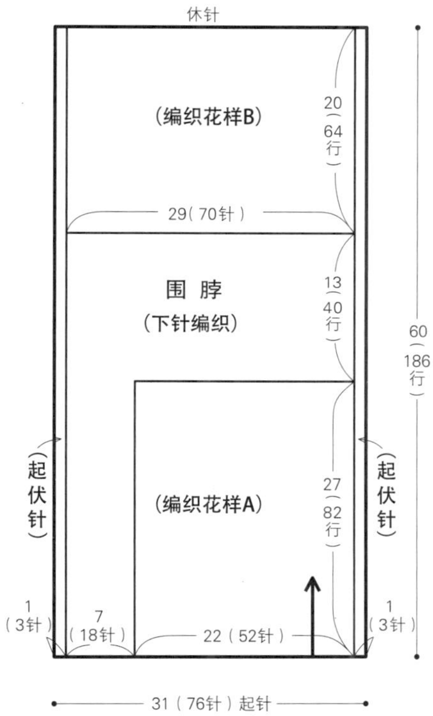

※全部使用6号针编织

编织花样A

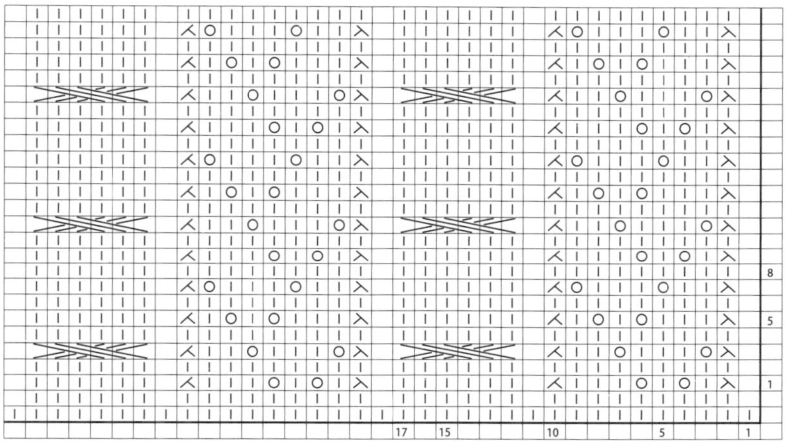

□ = ⊟ 上针

编织花样B

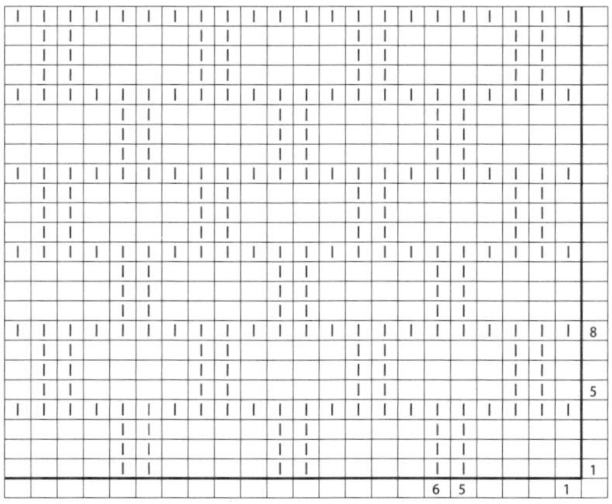

□ = ⊟ 上针

7 | 9页

●**材料** L'INCANTO no.5(粗)乳白色(501) 300g/8团

●**工具** 棒针6号

●**成品尺寸** 胸围92cm，肩宽38cm，衣长52cm，袖长50cm

●**编织密度** 10cm×10cm面积内：下针编织和编织花样A、B、C、E均为23针，31行

●**编织要点** **后身片** 手指起针，从下摆的单罗纹针开始编织，然后按照图示布局编织花样A、下针编织、编织花样B、编织花样C。袖窿、领窝编织伏针和立起侧边1针减针，肩部做引返编织，休针。**前身片** 起针方法和后身片相同，按照相同方法编织。**衣袖** 起针方法和身片相同，按照图示布局下针编织、编织花样D、编织花样E。袖下在1针内侧编织扭加针。袖山最终的针目做伏针收针。**组合** 肩部将前后身片正面相对对齐，做引拔接合。胁部、袖下使用毛线缝针做挑针缝合。衣领从前后领窝挑针，环形编织单罗纹针，编织终点的针目根据上下针做伏针收针。衣袖钩织引拔针和身片连接。

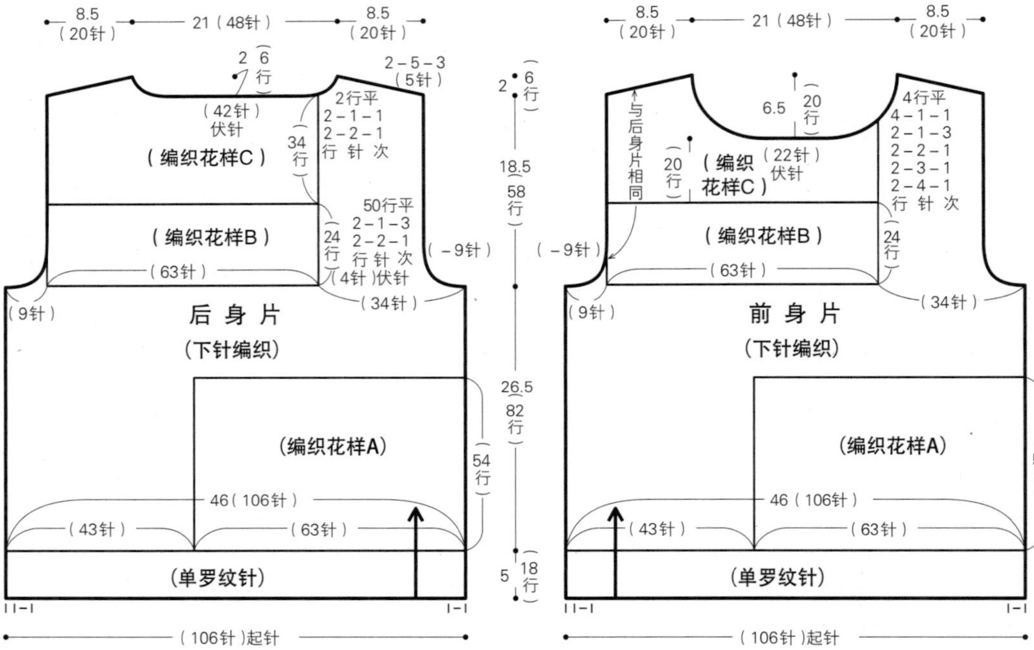

※全部使用6号针编织

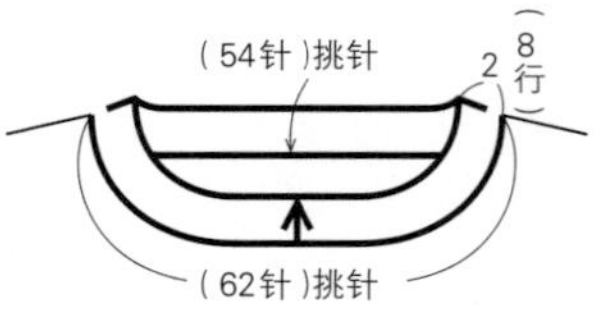

编织花样A

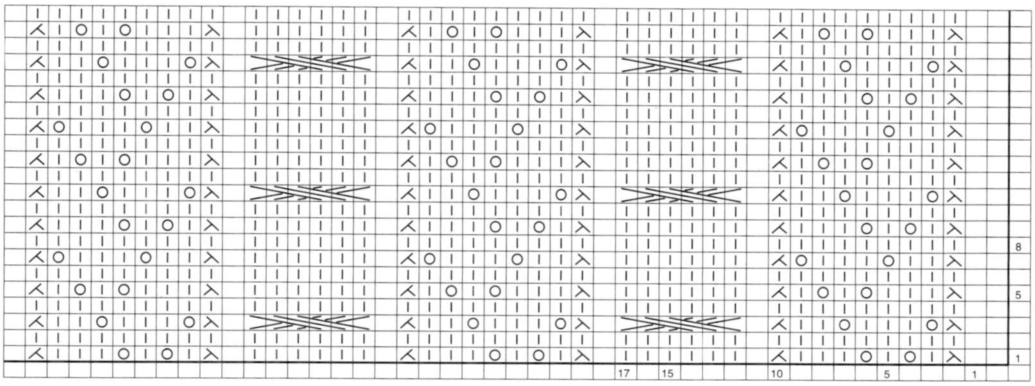

□ = ⊟ 上针

编织花样B

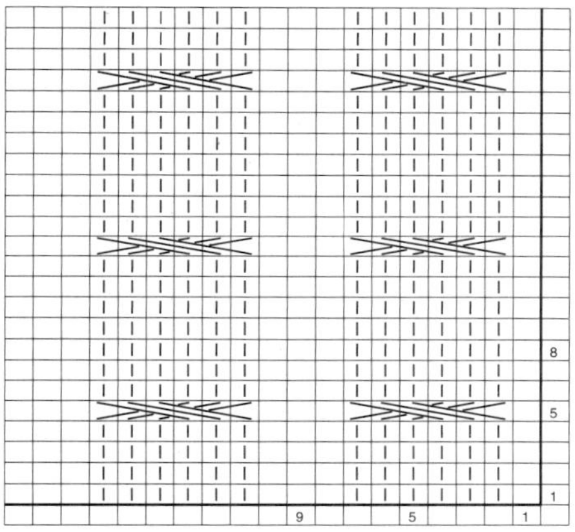

□ = ⊟ 上针

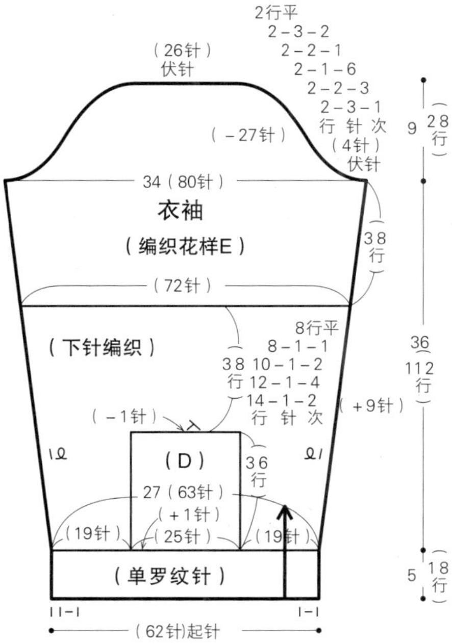

编织花样C

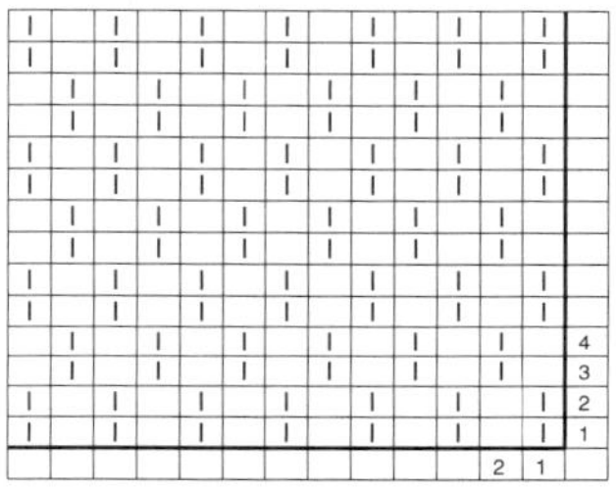

□ = ⊟ 上针

编织花样D

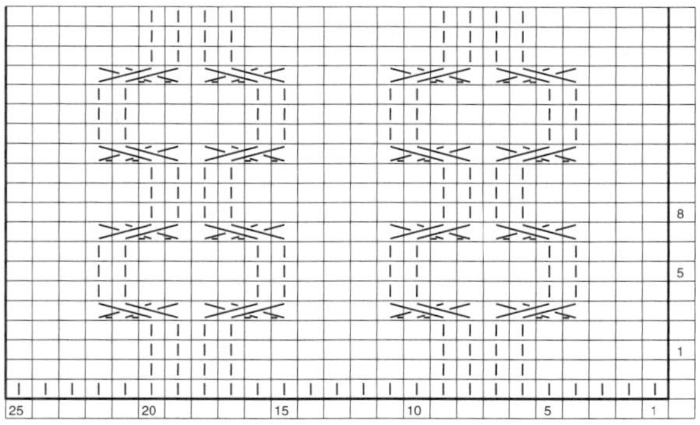

□ = ⊟ 上针

编织花样E

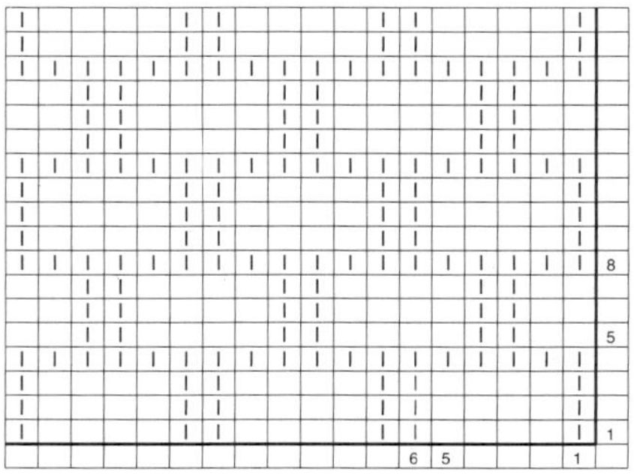

□ = ⊟ 上针

9 | 12页

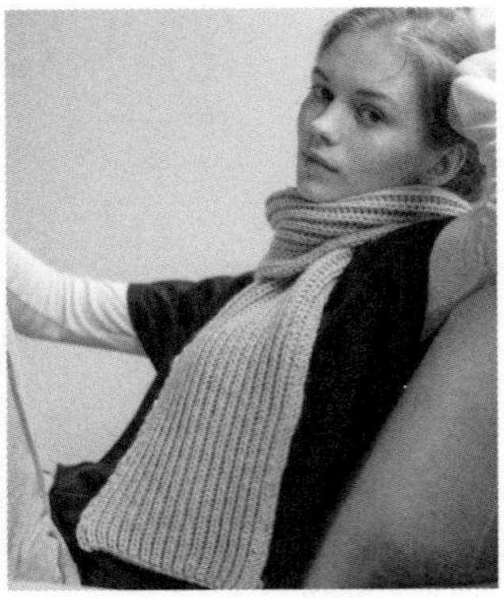

●**材料** L'INCANTO no.9(极粗)灰色(903)200g/4团
●**工具** 棒针11号
●**成品尺寸** 宽20cm，长136cm
●**编织密度** 10cm×10cm面积内：英式罗纹针16.5针，35行
●**编织要点** 手指起针33针，全部编织英式罗纹针，等针直编。编织终点根据针目做伏针收针。

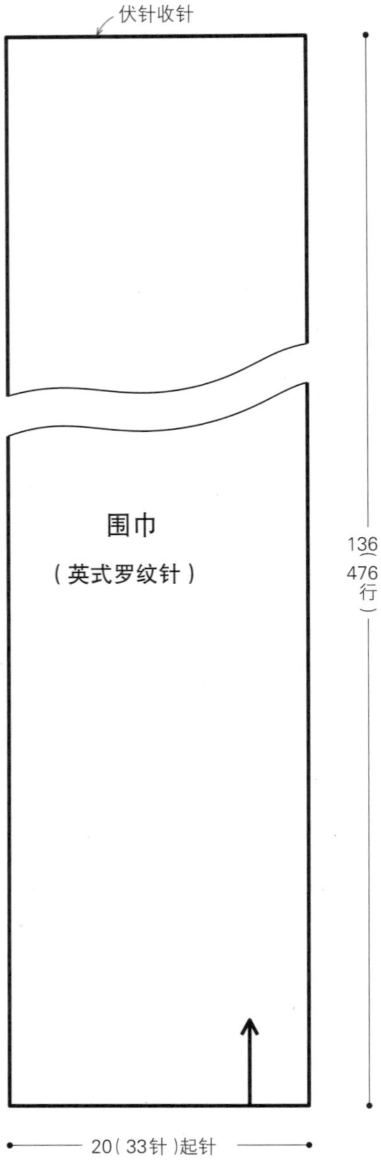

※全部使用11号针编织

英式罗纹针

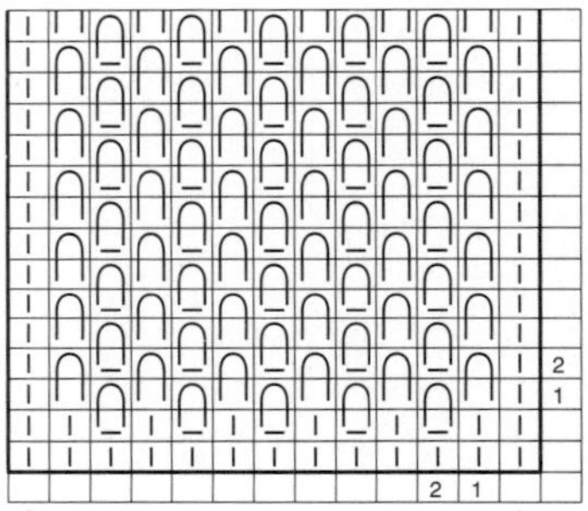

英式罗纹针

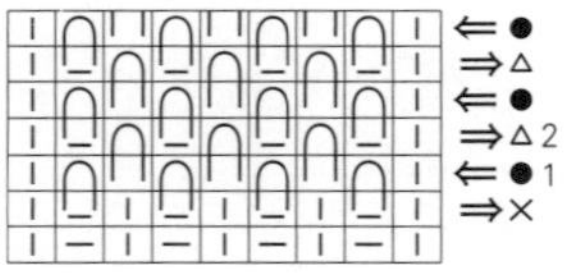

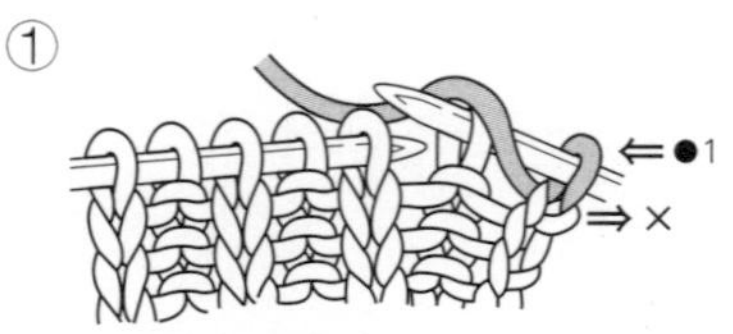

从●1行开始编织。端头针目编织下针，上针不织，直接移至右棒针（不改变针目方向），挂线。

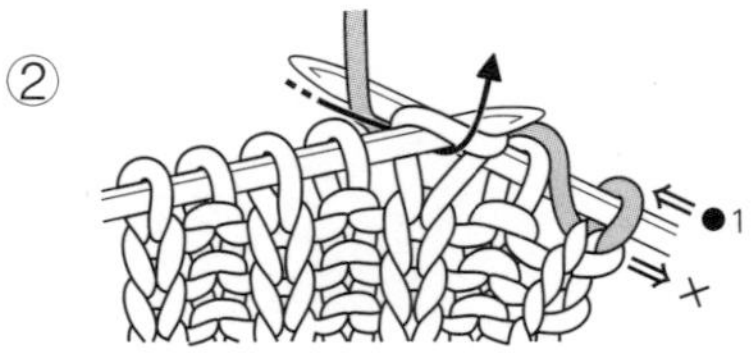

下一针编织下针。

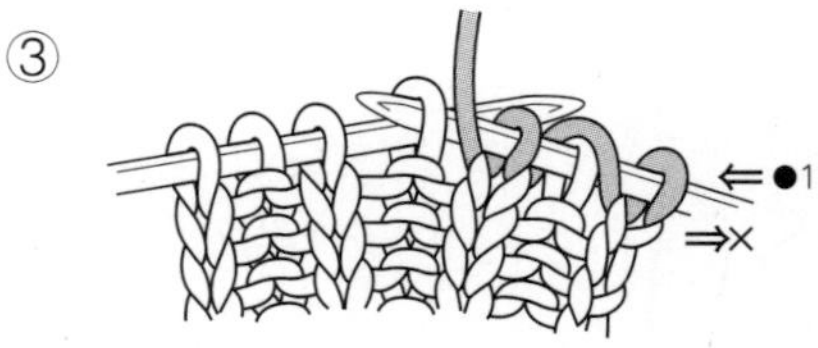

重复“上针不织，直接移至右棒针，挂线，编织下针”。

在△2行，端头针目编织上针，下一针与上一行的挂线一起编织下针。

随后重复“上针不织，直接移至右棒针，挂线，下针与上一行的挂线一起编织”。

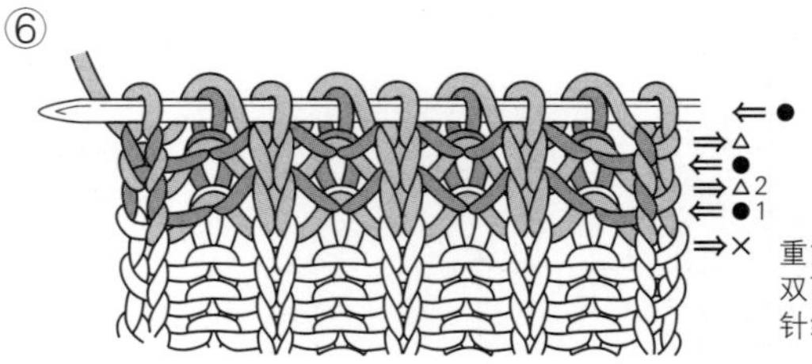

重复编织●行和△行，双面拉针的英式罗纹针编织了5行。

8

10页

●**材料** Slub Eroika(超级粗)砖红色(204)190g/2团，British Eroika(极粗)砖红色(201)200g/4团，直径2.5cm的纽扣2颗

●**工具** 棒针8mm、9号

●**成品尺寸** 胸围97cm，后长54.5cm，前长51cm，连肩袖长24cm

●**编织密度** 10cm×10cm面积内：编织花样A、B均为16针，23行；下针编织、编织花样C均为10针，14行

●**编织要点** **后身片** 后身片中央开口全开式设计。手指起针，用British Eroika线编织。下摆和身片周围做编织花样B，中央做编织花样A。领窝中央的针目休针，编织伏针和立起侧边1针减针。肩部做引返编织，休针。左右对称编织，在左后身片开扣眼。**前身片** 用Slub Eroika线按照和后身片相同的方法起针。两肋做编织花样C，中央做下针编织。**组合** 缝合、接合时使用British Eroika线。肩部将前后身片正面相对对齐，做盖针接合。肋部留出袖口和开衩，使用毛线缝针做挑针缝合。衣领从前后领窝挑针，参照图示做编织花样B，在右后身片缝上纽扣。

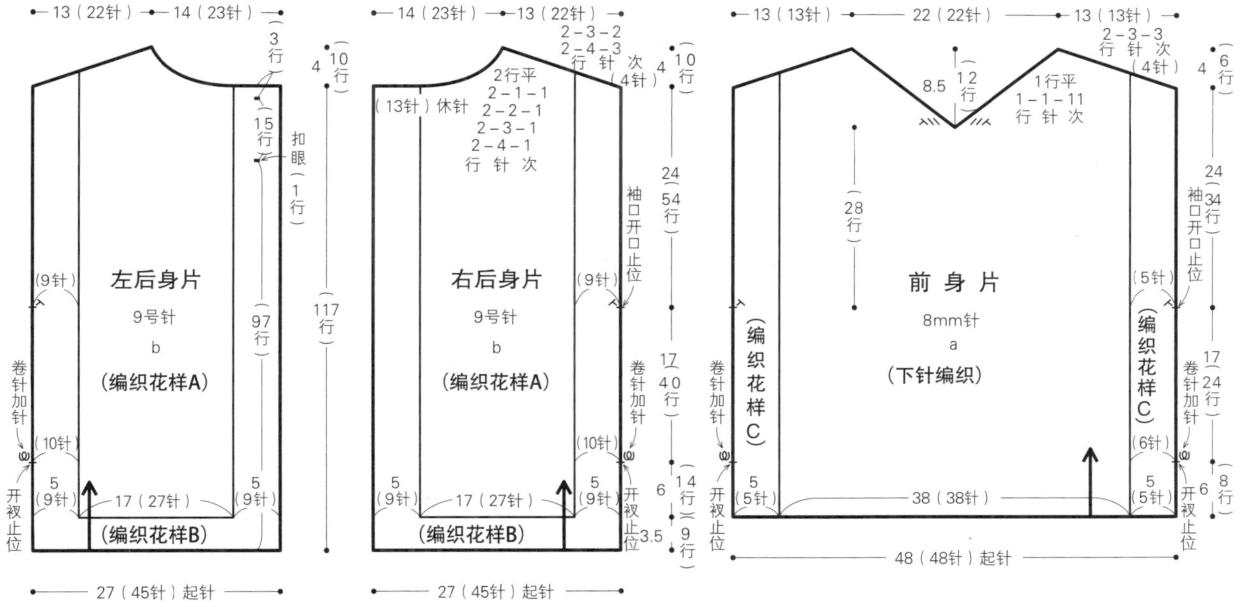

a＝Slub Eroika
b＝British Eroika

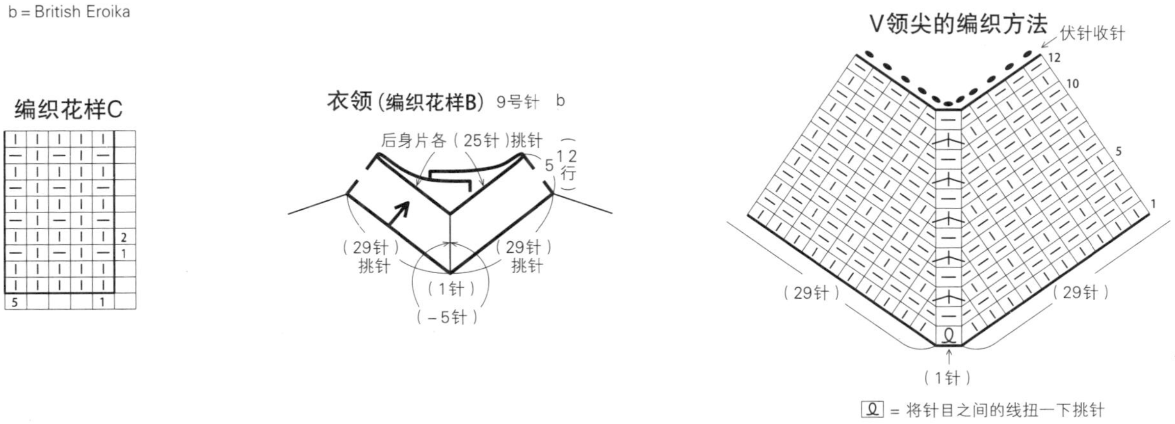

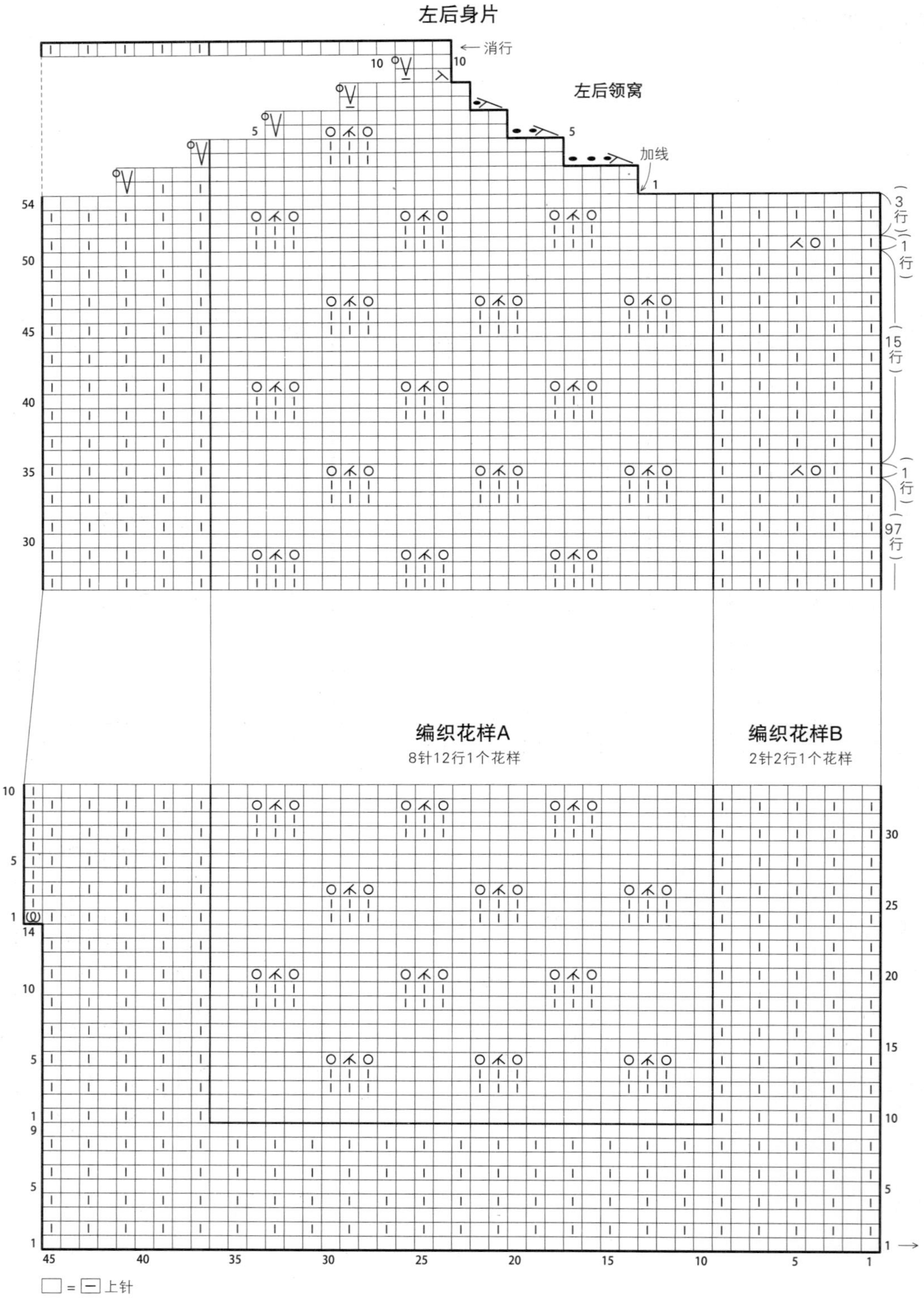

左后身片
消行
左后领窝
加线
3行
1行
15行
1行
97行
编织花样A
8针12行1个花样
编织花样B
2针2行1个花样
□ = ⊟ 上针

右后身片

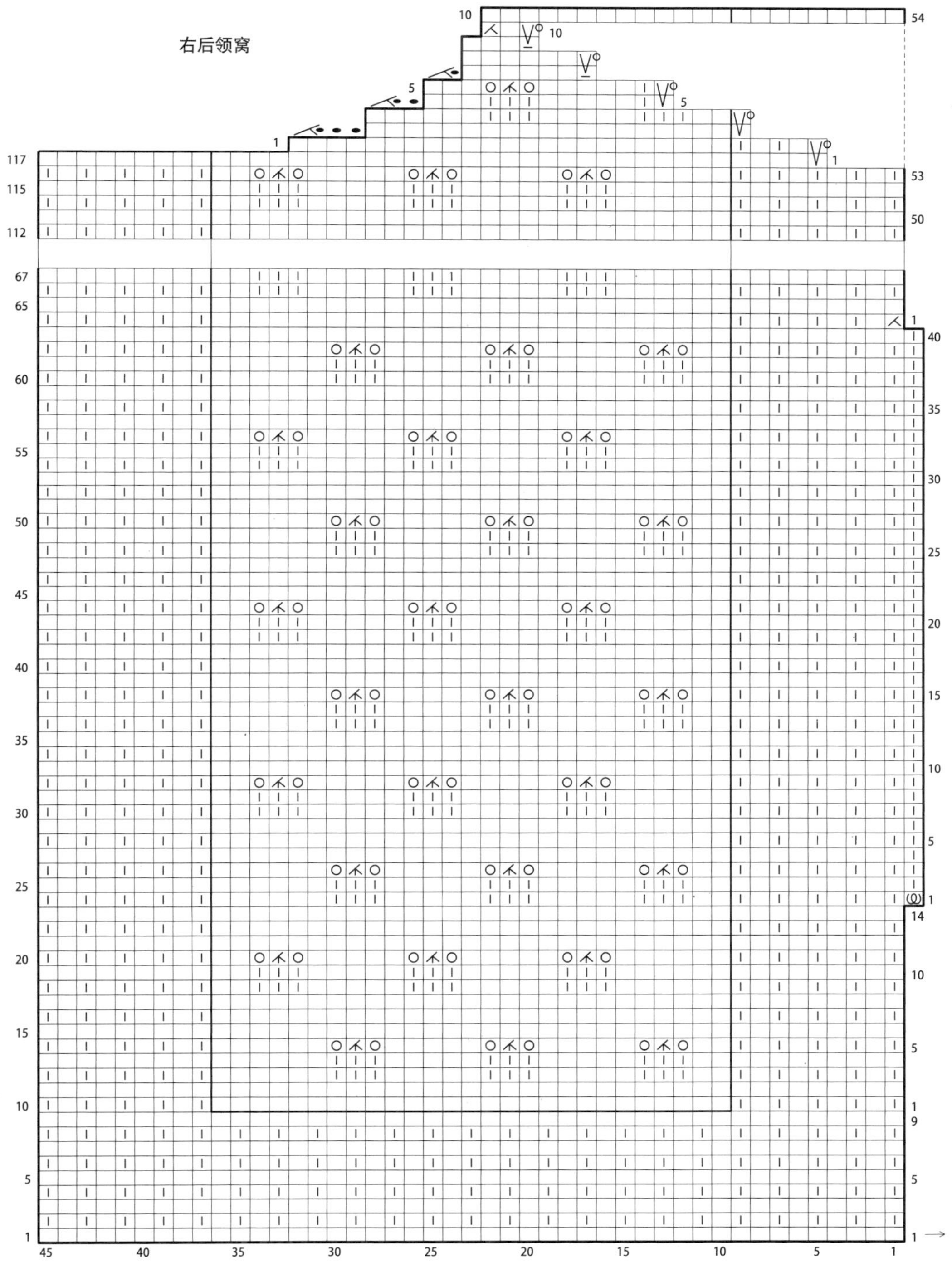

□＝㊀ 上针

10 | 13页

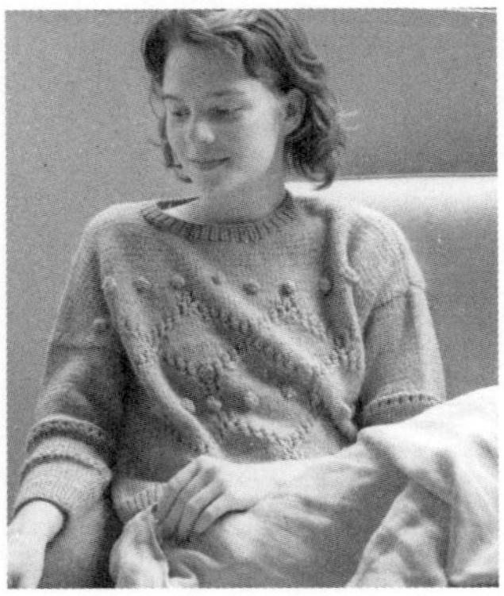

●**材料** Monarca(极粗)蓝色(907)390g/8团

●**工具** 棒针9号

●**成品尺寸** 胸围108cm，衣长49cm，连肩袖长62cm

●**编织密度** 10cm×10cm面积内：下针编织、编织花样A均为17针，25行；衣袖下针编织为18针，25行；编织花样B为18针，2cm 4行

●**编织要点** **后身片** 手指起针，从下摆的单罗纹针开始编织，然后做编织花样A。连接衣袖位置的加针，在1针内侧编织右加针、左加针。肩部做引返编织，休针。领窝做伏针减针，中央针目做伏针收针。**前身片** 起针方法和后身片相同，中央针目休针。**衣袖** 前后身片正面相对对齐，肩部做引拔接合。从前后身片接袖止位处挑针，做下针编织和编织花样B，袖下立起侧边1针减针。袖口编织单罗纹针，编织终点的针目根据上下针做伏针收针。**组合** 胁部、袖下使用毛线缝针做挑针缝合。衣领从前后领窝挑针，环形编织单罗纹针。编织终点根据上下针做伏针收针。

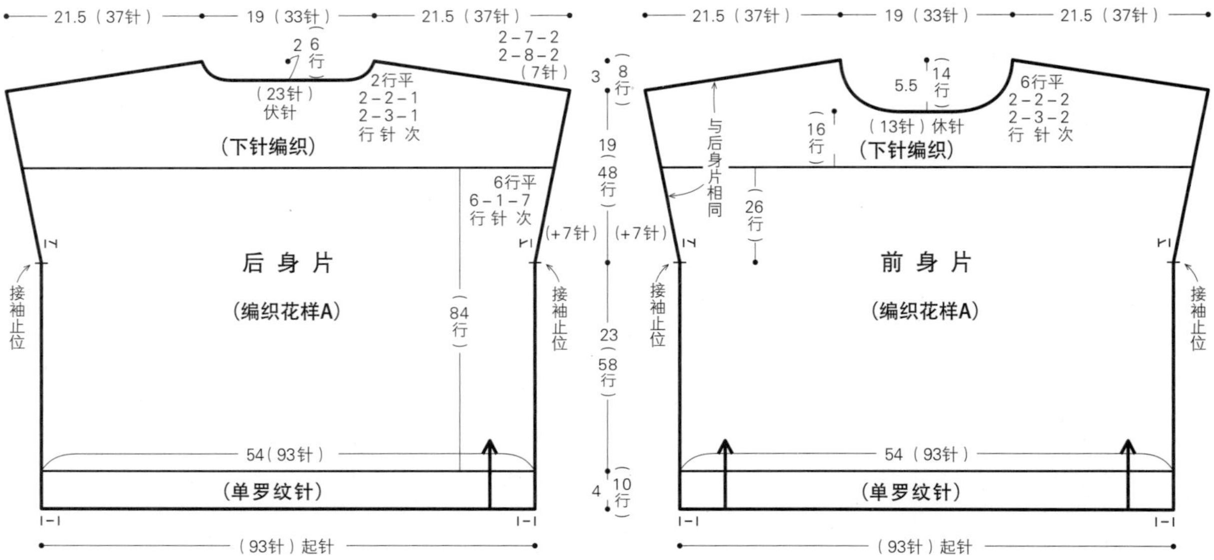

※全部使用9号针编织

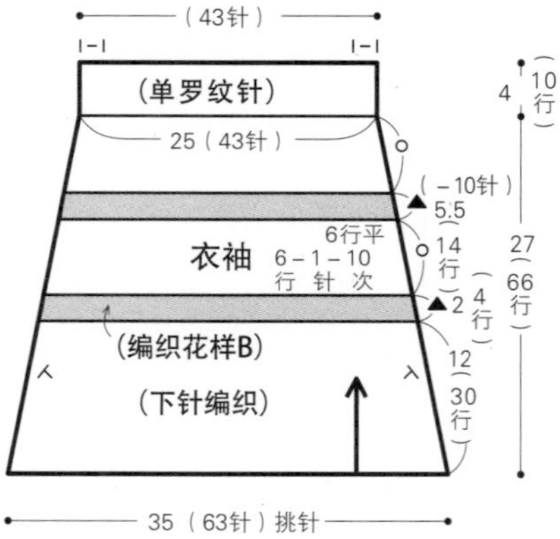

衣领(单罗纹针)

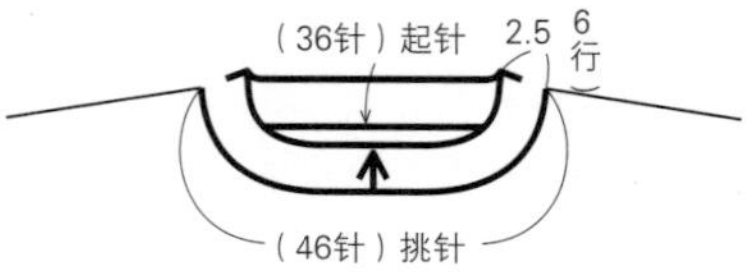

编织花样B

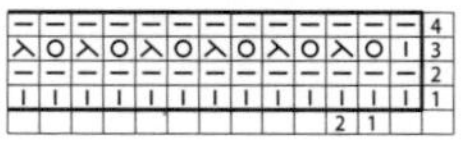

单罗纹针

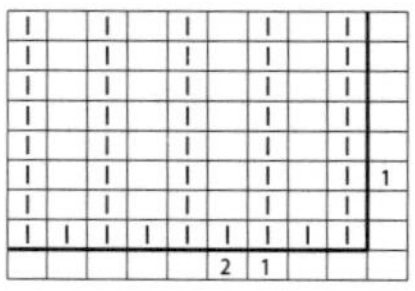

□=⊟上针

编织花样A

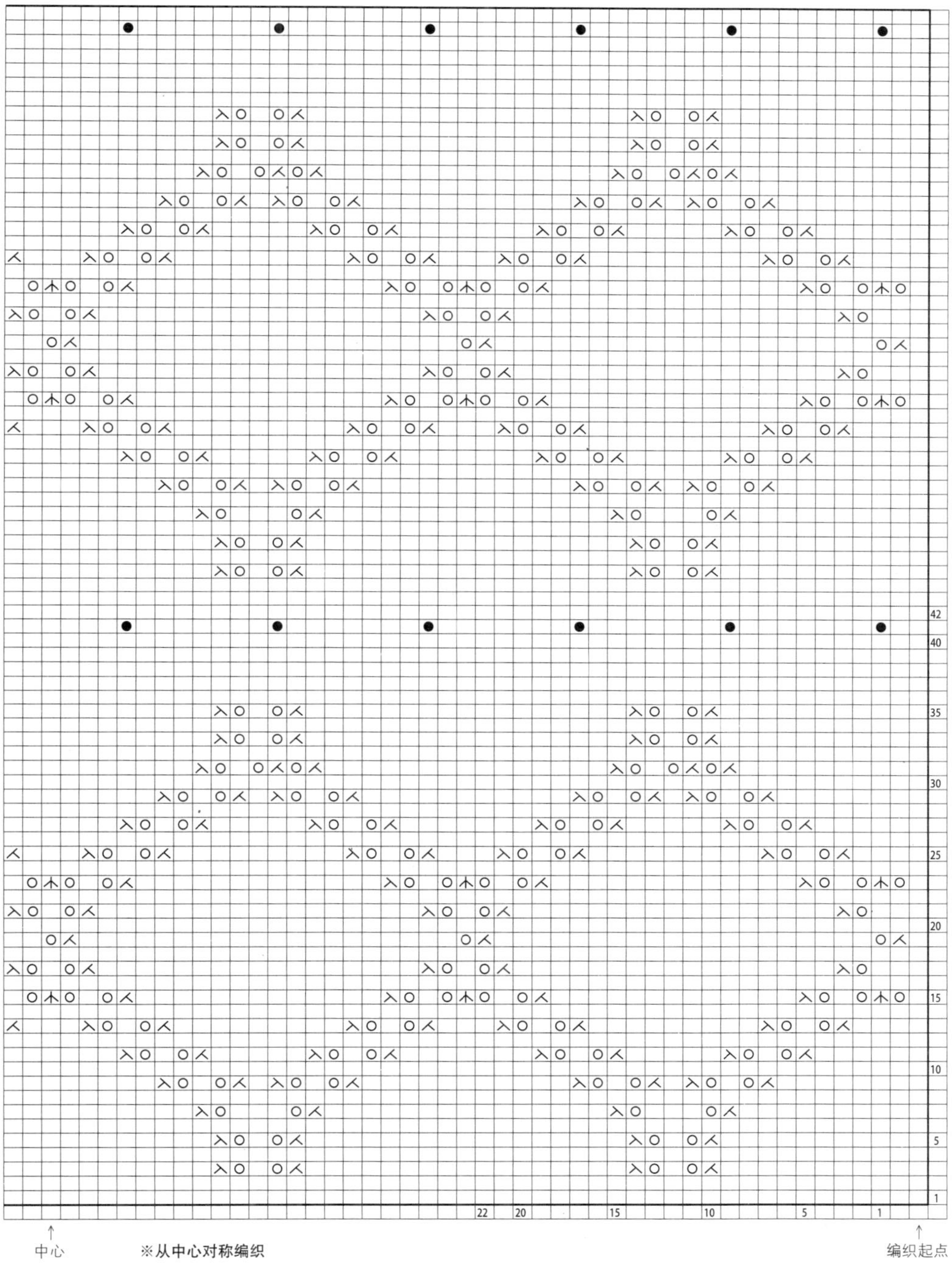

※从中心对称编织

= 下针

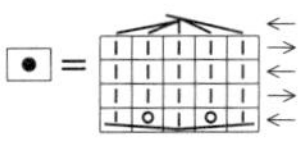

※每次编织8针

11 | 14页

●**材料** L'INCANTO no.5（粗）**作品a**：海军蓝色（504）80g/2团。**作品b**：灰色（503）80g/2团

●**工具** 棒针3号

●**成品尺寸** 袜底长22.5cm，袜筒长26cm

●**编织密度** 参照图示

●**编织要点** 手指起针，环形编织。做4行下针编织，然后编织双罗纹针，第69行参照图示减针4针，编织至70行。袜底编入1行另线。继续环形编织，袜背编织双罗纹针、袜底做下针编织。袜头继续做环形编织。袜跟解开另线挑针，按照袜头的方法编织。

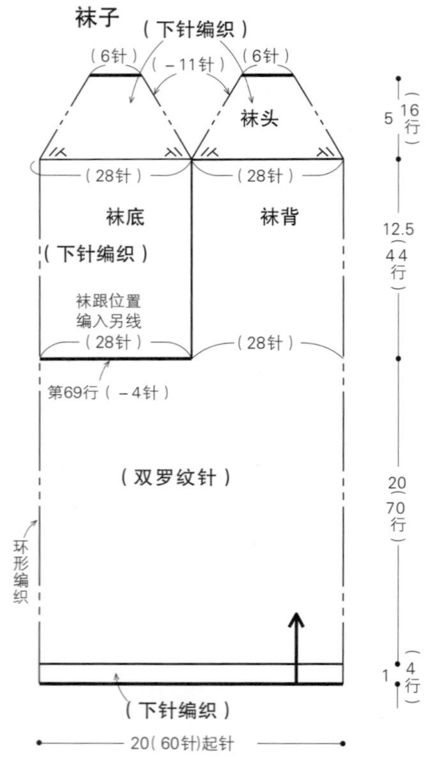

※全部使用3号针编织

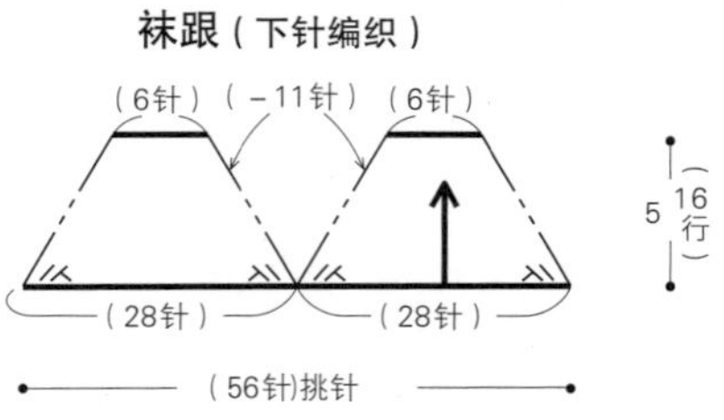

※抽出另线挑针

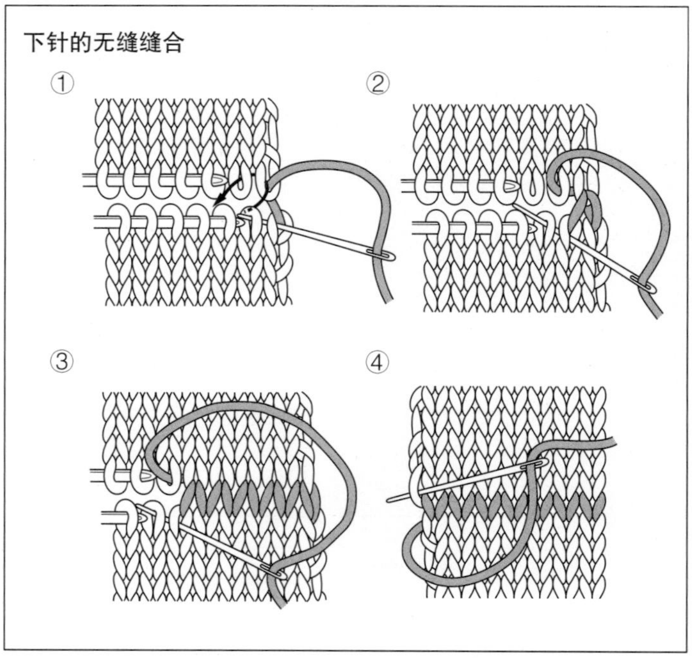

袜头的编织方法图

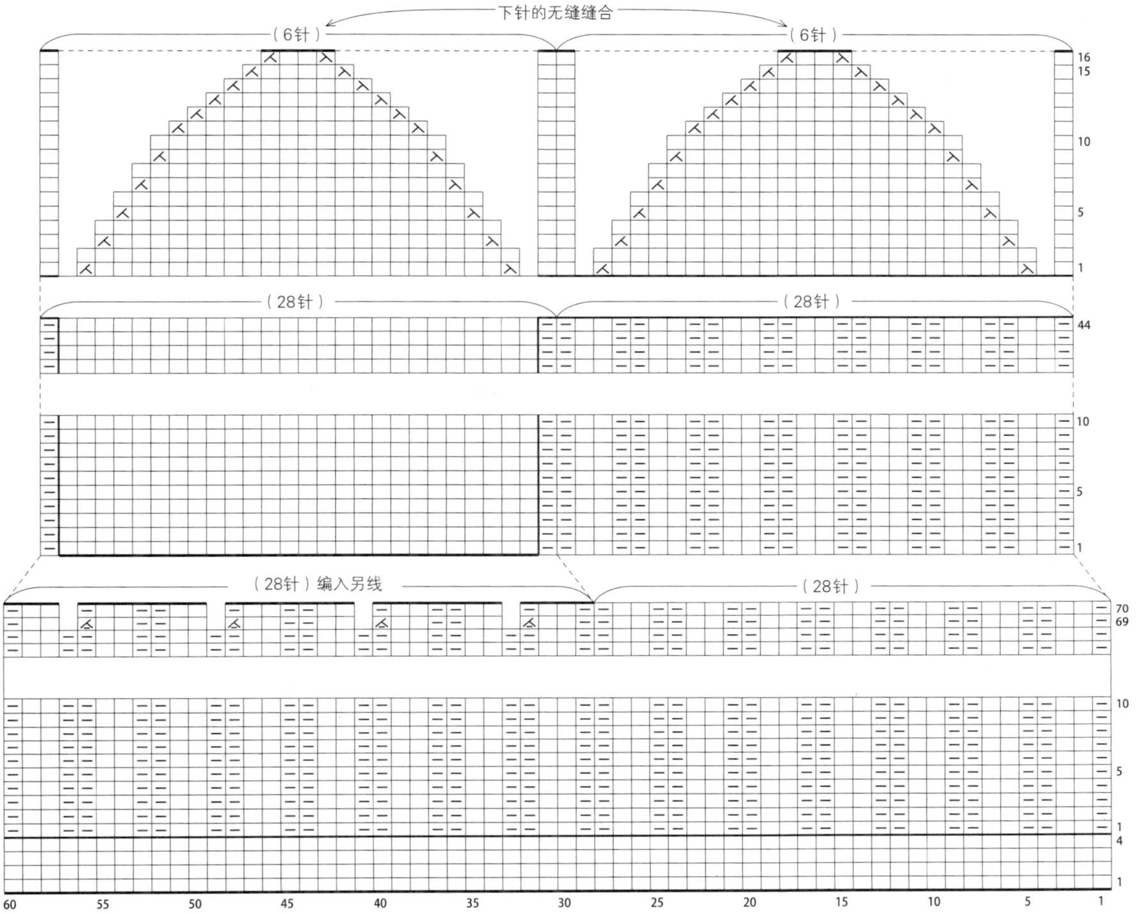

□ = [I] 下针

袜跟的编织方法图

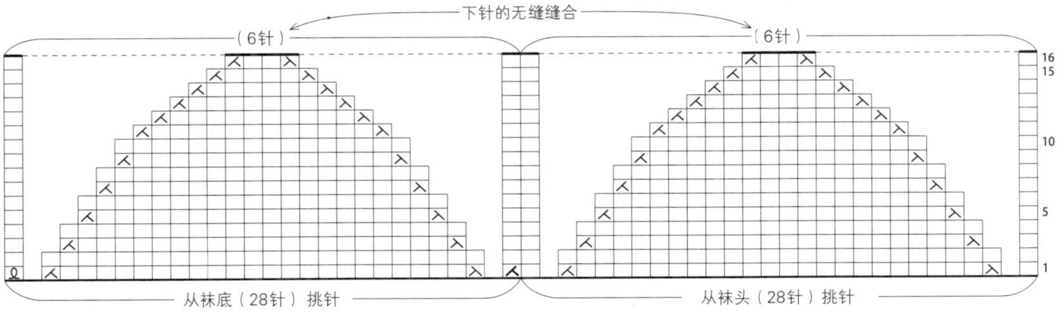

[Q] = 扭转下线圈的半针编织

[⋏] = 下线圈的半针和袜底第28针编织2针并1针

12 | 15页

●**材料**　Mille Colori Baby(中细)粉色、蓝色、褐色系多色混合(053)430g/9团，直径1.8cm的纽扣5颗

●**工具**　钩针4/0号

●**成品尺寸**　胸围94cm，肩宽36cm，衣长51cm，袖长51cm

●**编织密度**　10cm×10cm面积内：编织花样5.5个花样，10行

●**编织要点**　**后身片**　锁针起针，第1行挑起锁针的半针和里山按照编织方法图编织。右侧参照图1减针，左侧参照图2减针。衣领开口位置参照图3编织。**前身片**　起针方法和后身片相同，左右对称编织2片。参照图4，编织领窝。利用编织花样的孔做扣眼。**衣袖**　起针方法和后身片相同。袖下不加减针，袖山参照图5减针。**组合**　肩部将前后身片对齐，做卷针缝缝合。胁部、袖下使用毛线缝针做挑针缝合。衣领从前后领窝挑针编织，第1行用短针挑针，按照图示做编织花样。衣袖使用毛线缝针与身片做挑针缝合。在左前门襟缝上纽扣。

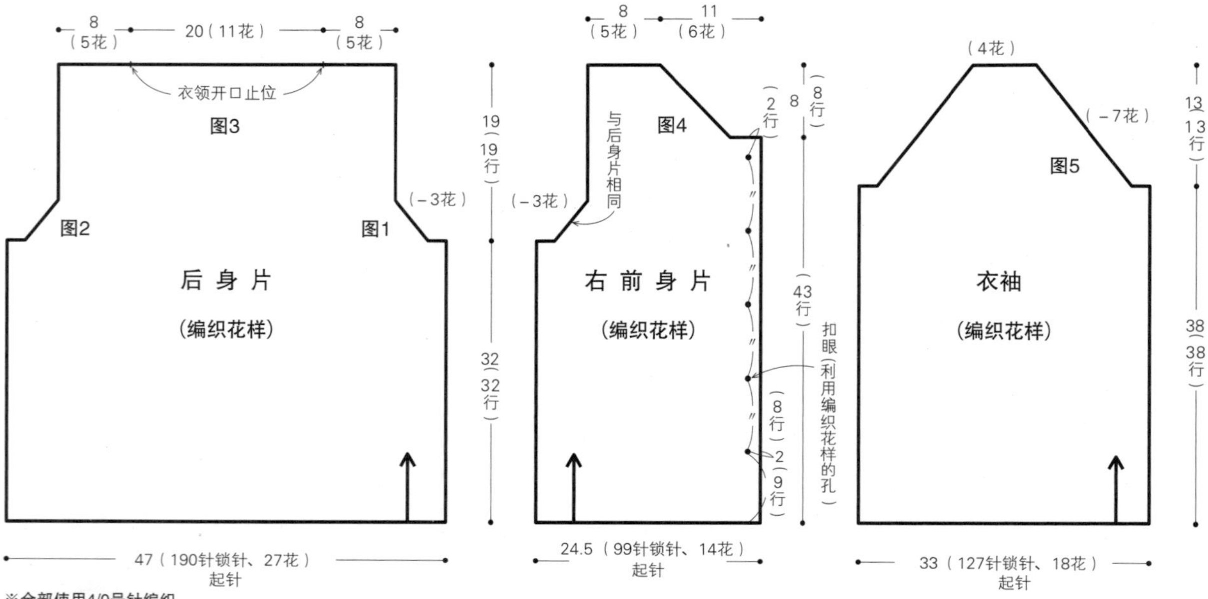

※全部使用4/0号针编织
花＝个花样

※左前身片和右前身片
左右对称编织

编织花样

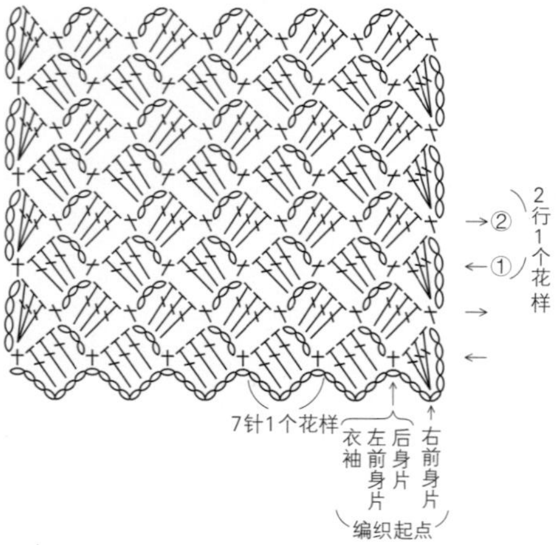

衣领(编织花样)

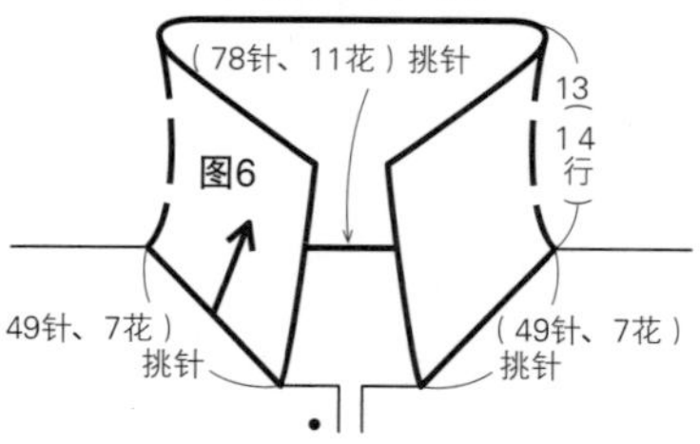

※第1行用短针挑针

图3 后衣领开口

图4
右前领窝

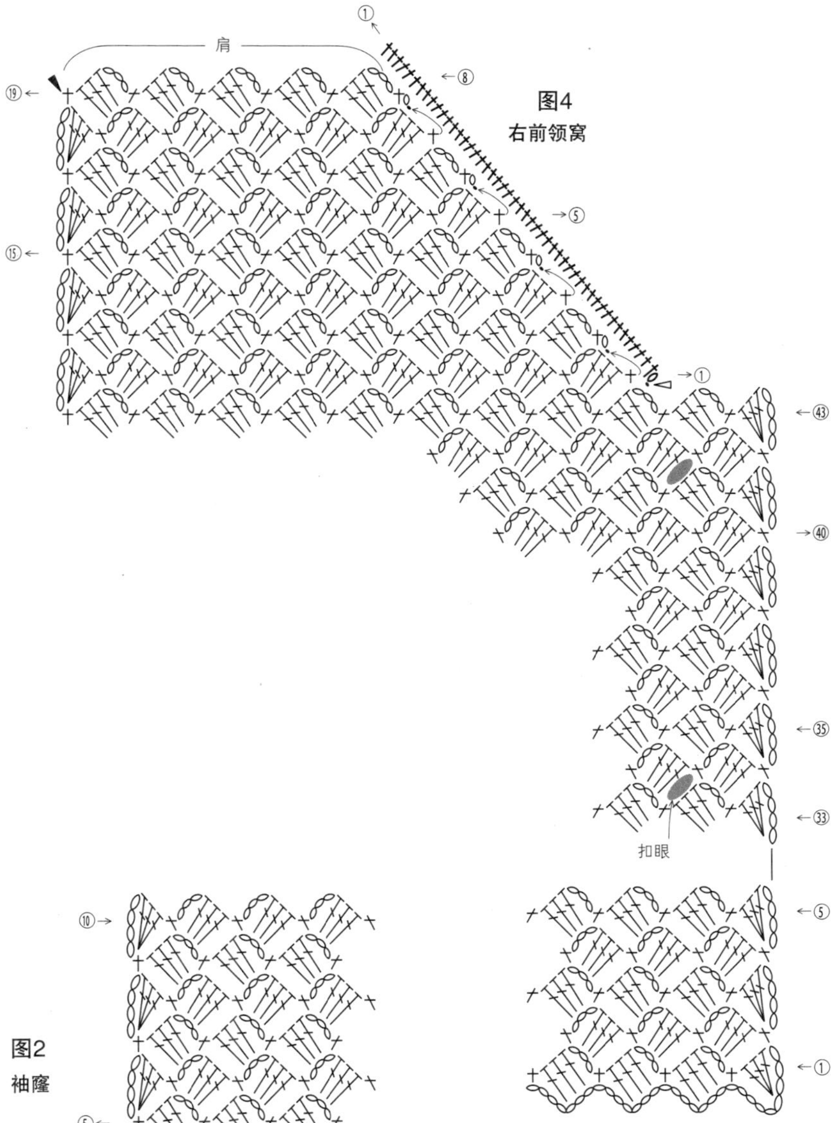

图2
袖窿

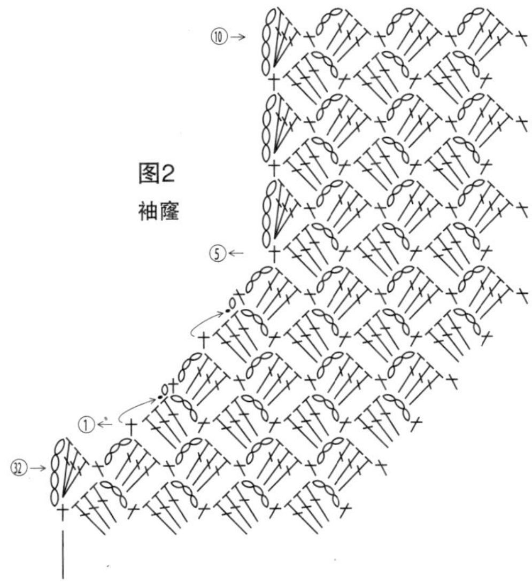

◁ = 加线
◀ = 剪线

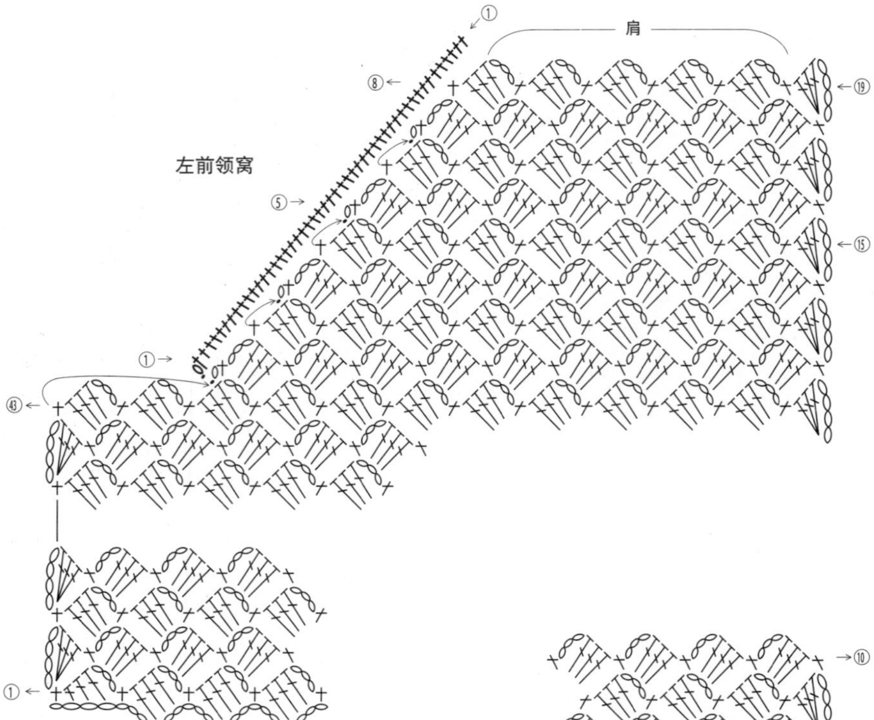

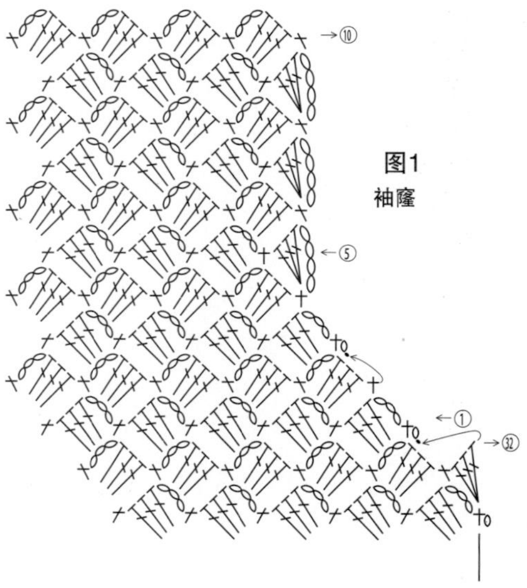

图1
袖窿

图6 衣领

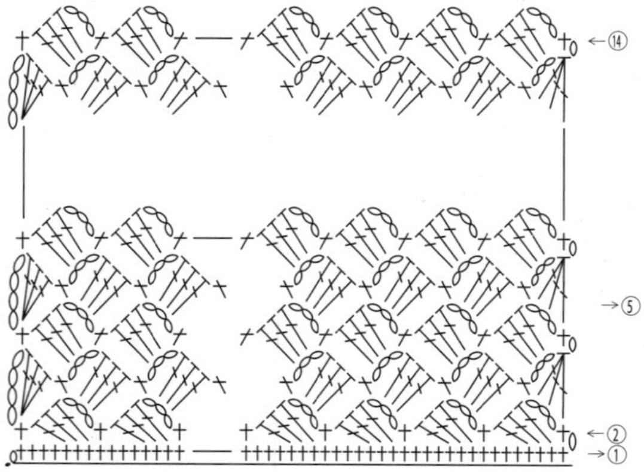

图5
袖山

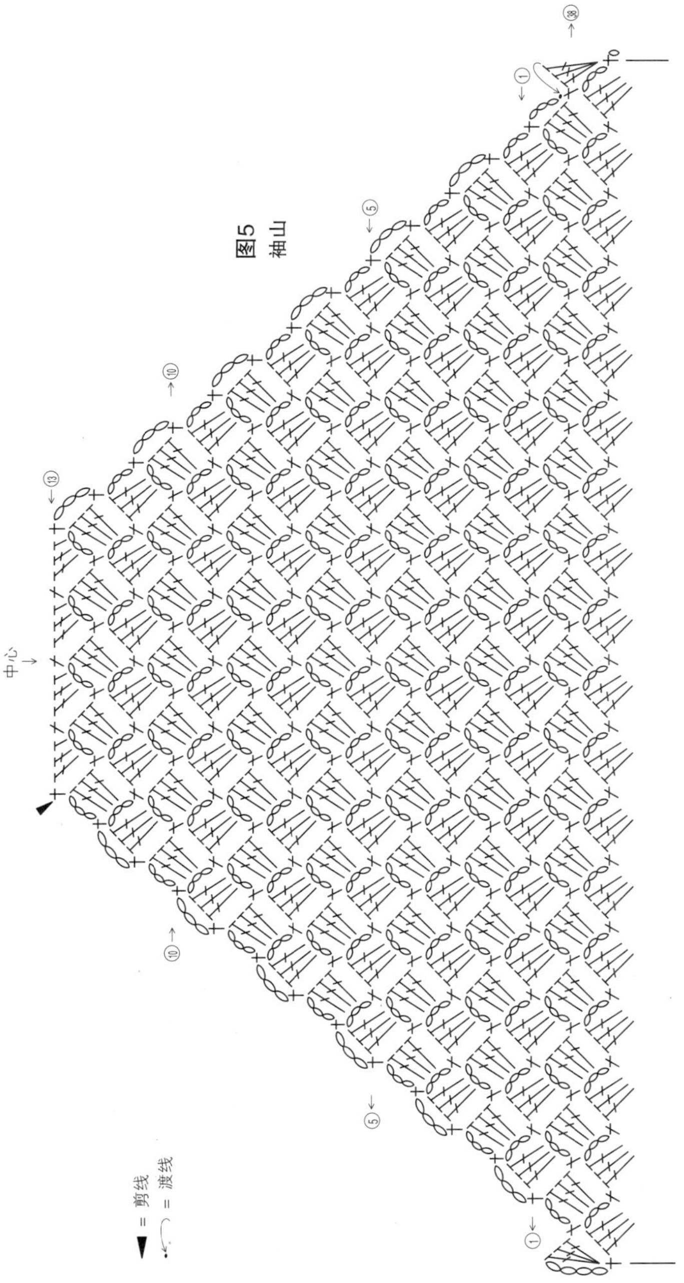

短针

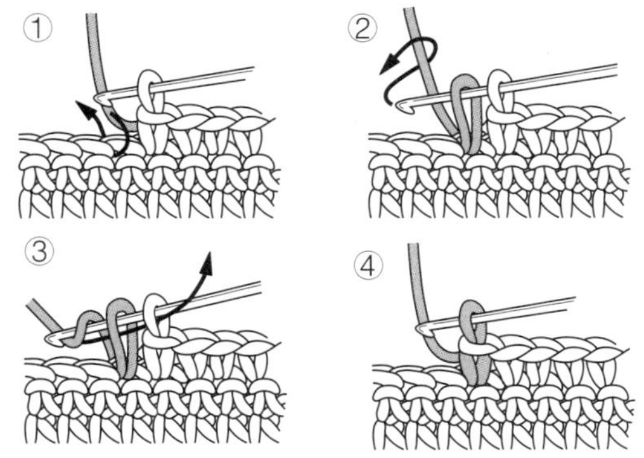

3针长针并1针

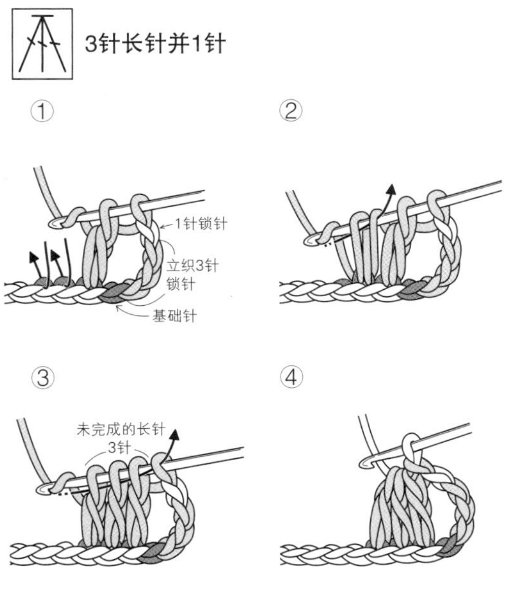

13 | 16页

●**材料** Pelage（极粗）米色（1315）340g/7团，Julika Mohair（中粗）粉米色（302）240g/6团；直径2.8cm的纽扣3颗

●**工具** 钩针7mm

●**成品尺寸** 胸围112cm，肩宽39cm，衣长74.5cm，袖长53cm

●**编织密度** 10cm×10cm面积内：下针编织10.5针，14行

●**编织要点** 两种毛线各取1根合为1股编织。**后身片** 手指起针，从下摆开始做下针编织。胁部立起侧边2针减针。袖窿编织伏针，编织连接衣袖所需的长度。肩部做引返编织，休针。衣领开口做伏针收针。**前身片** 起针方法和后身片相同，前门襟编织2针滑针，左右对称编织。右前门襟接着后衣领编织，斜肩加新线消行。**衣袖** 起针方法和后身片相同，袖下编织右加针、左加针。最终针目休针。**口袋** 起针方法和后身片相同，最后做伏针收针。**组合** 肩部将前后身片正面相对对齐，做盖针接合。胁部、袖下使用毛线缝针做挑针缝合。后衣领在开口位置对齐针与行缝合，衣袖和身片对齐针与行缝合。口袋缝在指定位置，两侧使用毛线缝针做挑针缝合，底部做下针的无缝缝合。左前门襟缝上纽扣。

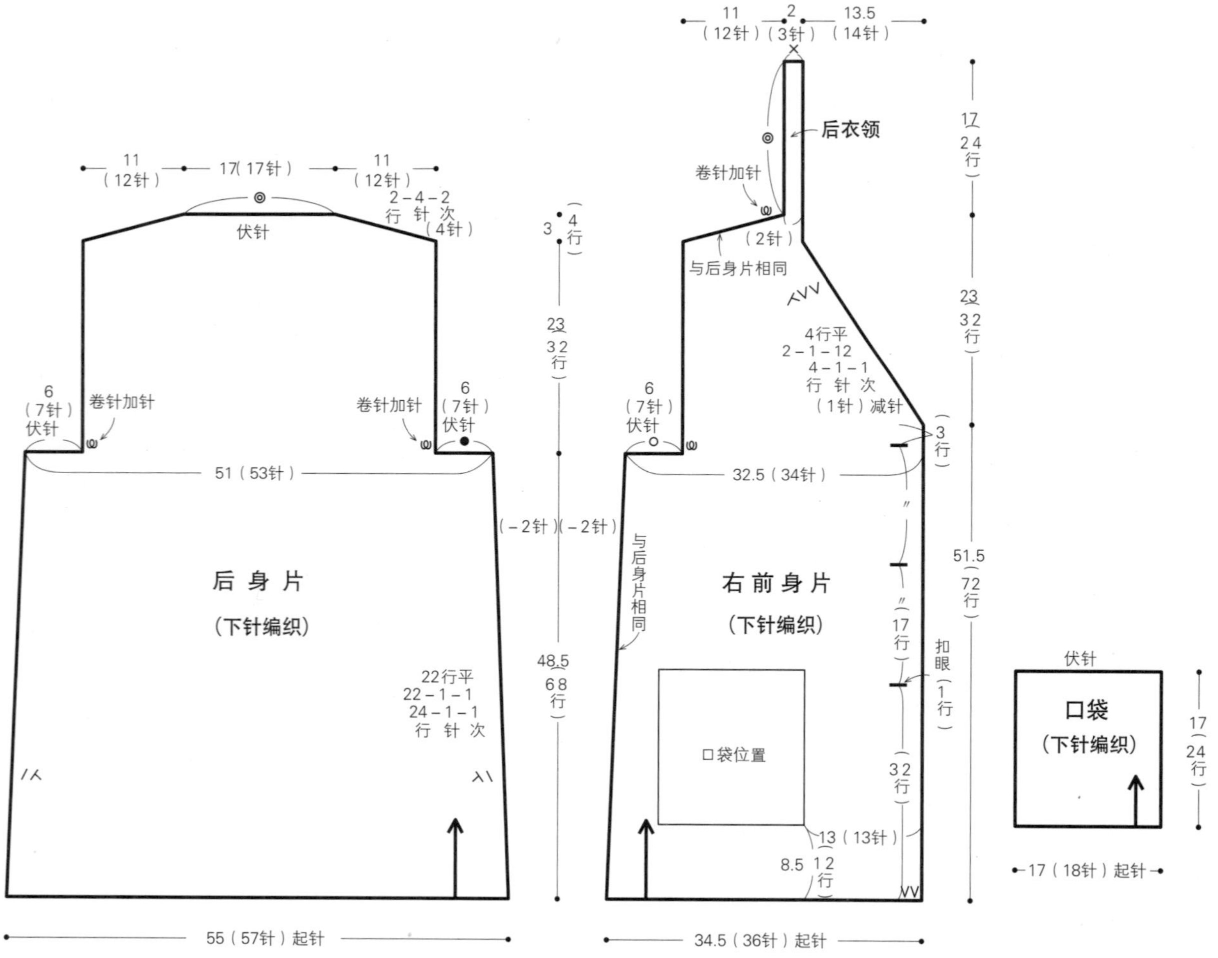

※全部使用7mm针编织
两种毛线各取1根合为1股编织
对齐相同标记缝合

※前门襟编织2针滑针时不要织得太紧

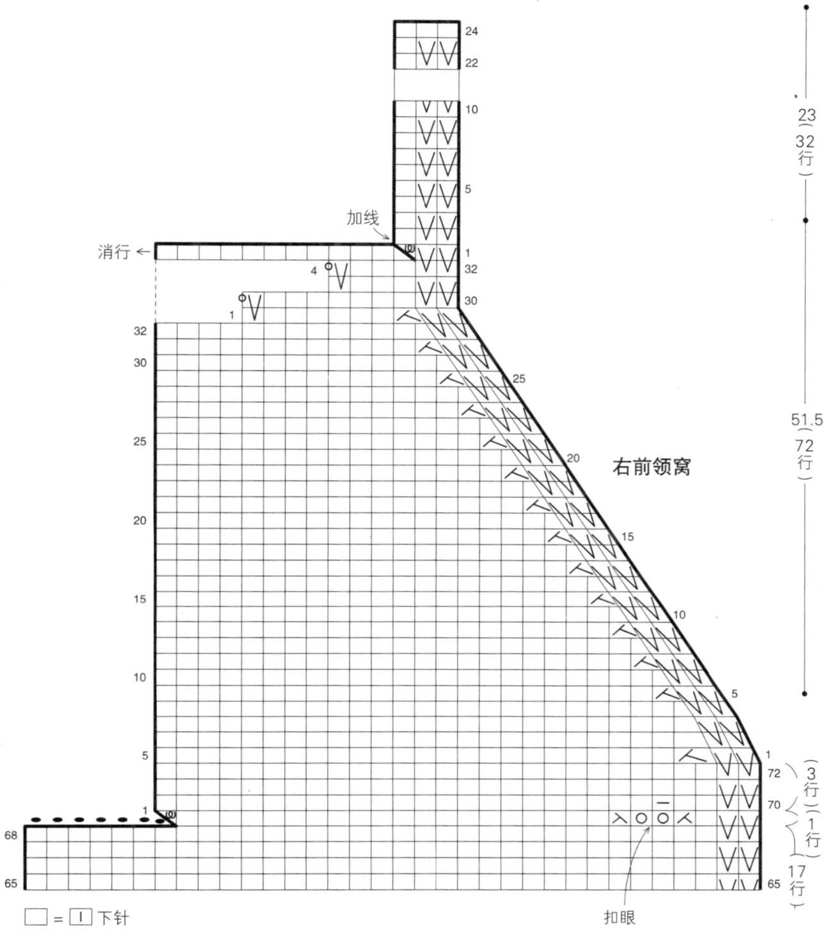

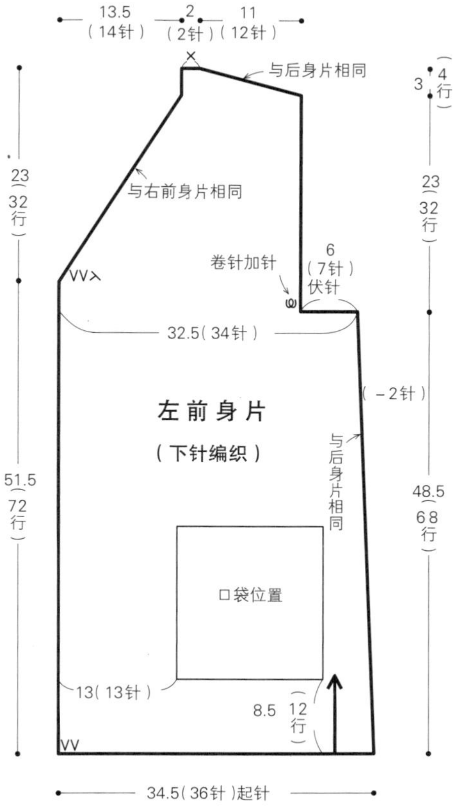

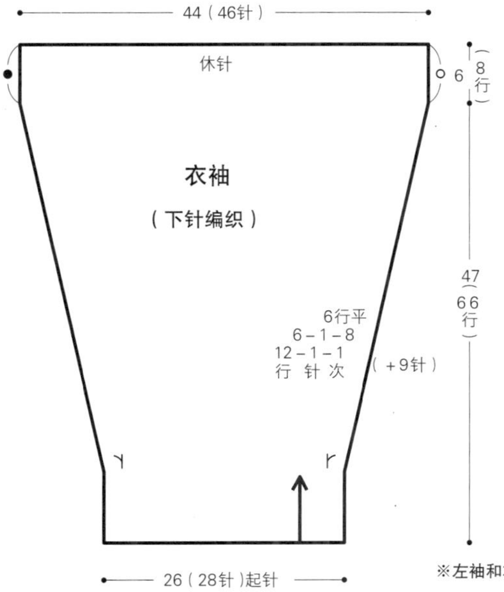

※左袖和右袖的对齐标记要对称

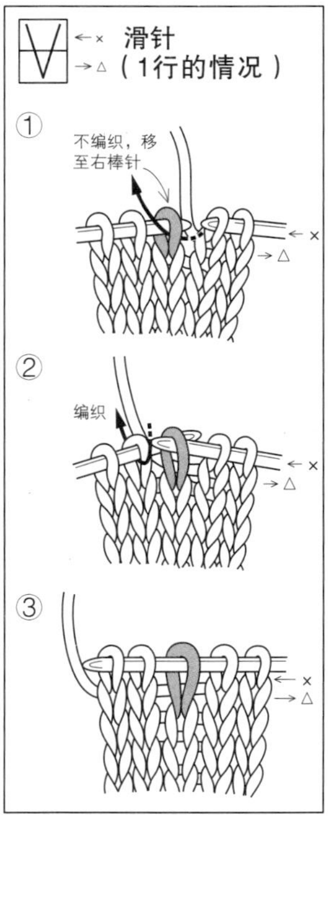

●**材料** Husky（粗）蓝色、淡灰色系段染线（114）95g/1团；Nuvola（中粗）原白色（401）、薄荷绿色（403）、灰色（409）各45g/各1团，淡棕色（412）40g/1团

●**工具** 钩针10/0号

●**成品尺寸** 主体宽38cm，侧面宽9cm，高26cm

●**编织密度** 10cm×10cm面积内：编织花样10针，9.5行

●**编织要点** 编织主体时，两种毛线各取1根合为1股编织，除此之外取2根Nuvola线编织。锁针起针，挑起锁针的半针和里山钩织短针，另一侧挑起剩余的半针编织。从第2行开始，按照图示一边换色，一边做编织花样。侧面从主体挑针，钩织短针，对齐相同标记做卷针缝缝合。包口和提手从主体和侧面挑针，钩织短针。在提手内侧钩织短针和引拔针。

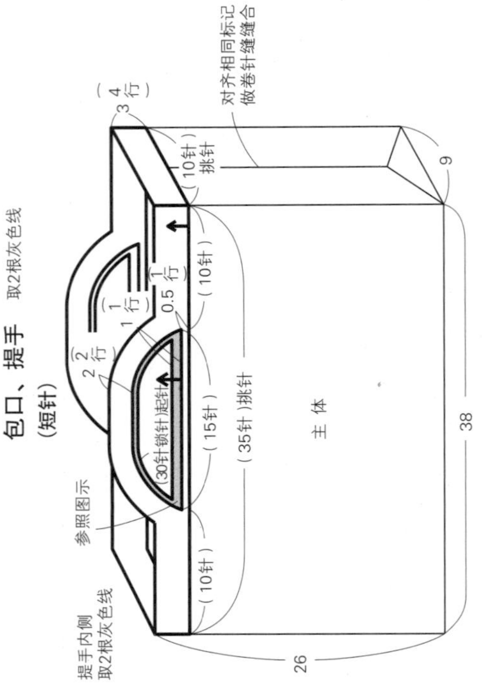

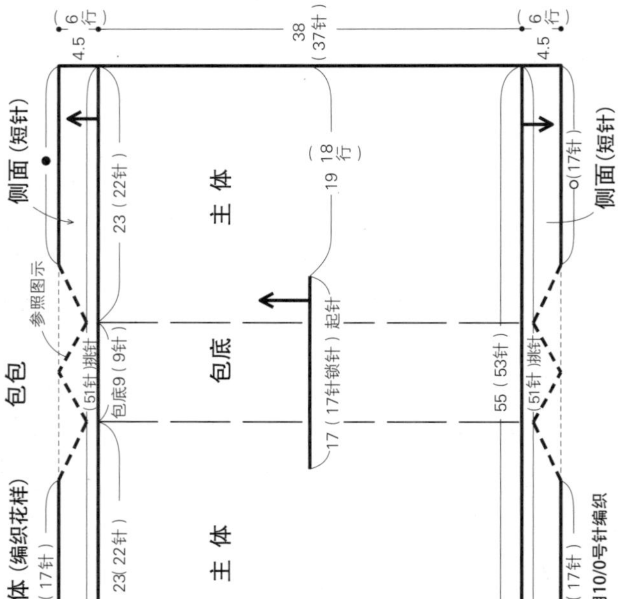

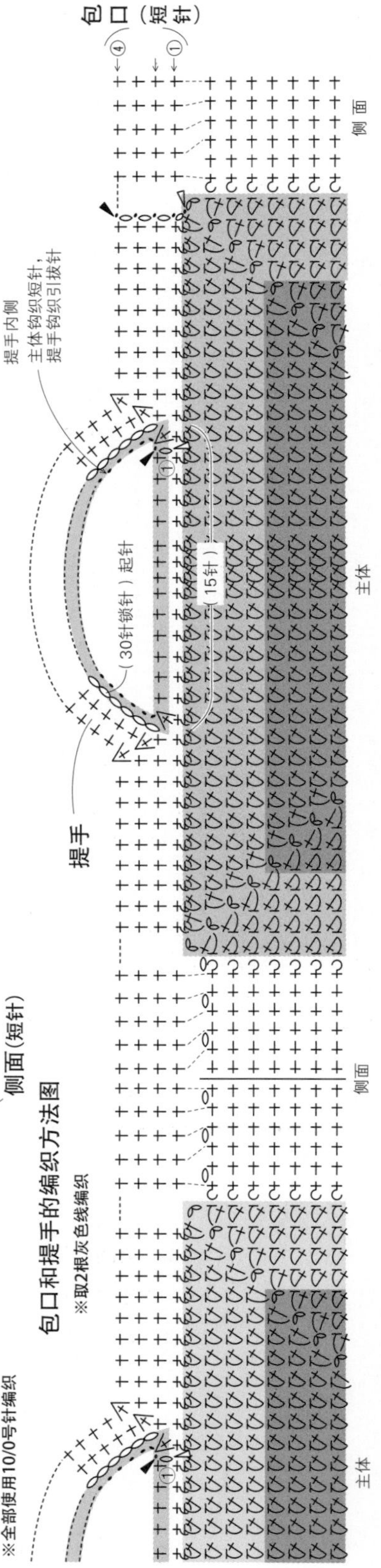

包包的编织方法图

※侧面取2根Nuvola线编织

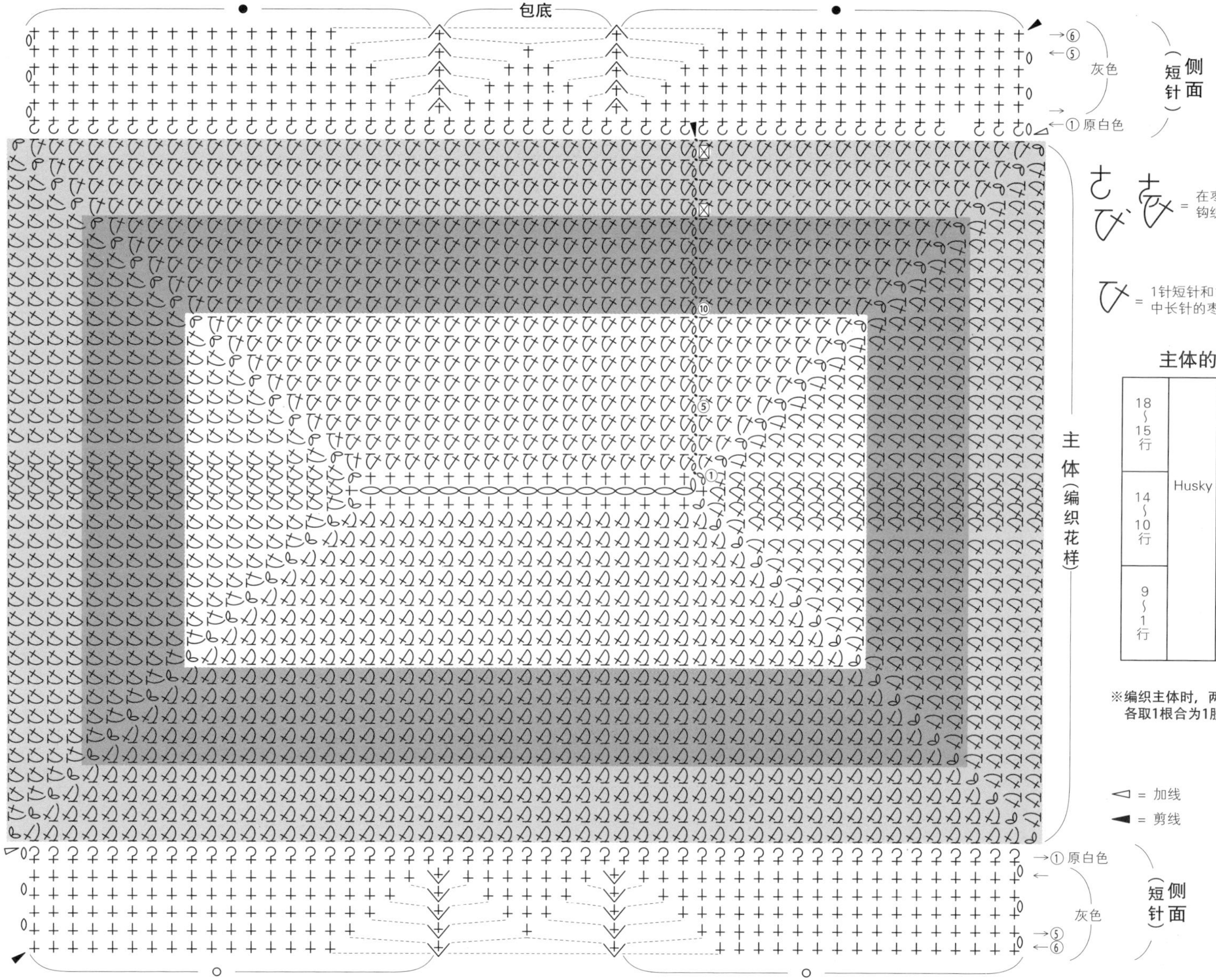

= 在枣形针头部，钩织短针的反拉针

= 1针短针和1针中长针的枣形针

主体的配色表

18～15行	Husky	薄荷绿色
14～10行	Husky	淡棕色
9～1行	Husky	原白色

※编织主体时，两种毛线各取1根合为1股编织

◁ = 加线

◀ = 剪线

15 | 18页

●**材料** Boboli(粗)粉米色(427)340g/9团

●**工具** 棒针6号、5号

●**成品尺寸** 胸围104cm，后长51cm，前长46cm，连肩袖长46cm

●**编织密度** 10cm×10cm面积内：上针编织22针，28行

●**编织要点** **后身片** 手指起针，从下摆开始编织单罗纹针。然后，按照图示做上针编织和编织花样A。胁长不加减针，开衩位置用毛线做个记号。接袖止位在1针内侧编织右加针、左加针。领窝做伏针减针和立起侧边1针减针。肩部做引返编织，休针。**前身片** 起针方法和后身片相同，领窝中央的针目休针。**衣袖** 起针方法和后身片相同，按照图示做上针编织，并在中央布局编织花样B。袖口的单罗纹针在编织花样B位置减针5针，编织终点根据针目做伏针收针。**组合** 肩部将前后身片正面相对对齐，做盖针接合。胁部留出连接衣袖位置和开衩，使用毛线缝针做挑针缝合，袖下也照此方法缝合。衣领从前后领窝挑针，环形编织单罗纹针，根据上下针做伏针收针。衣袖钩织引拔针连接于身片。

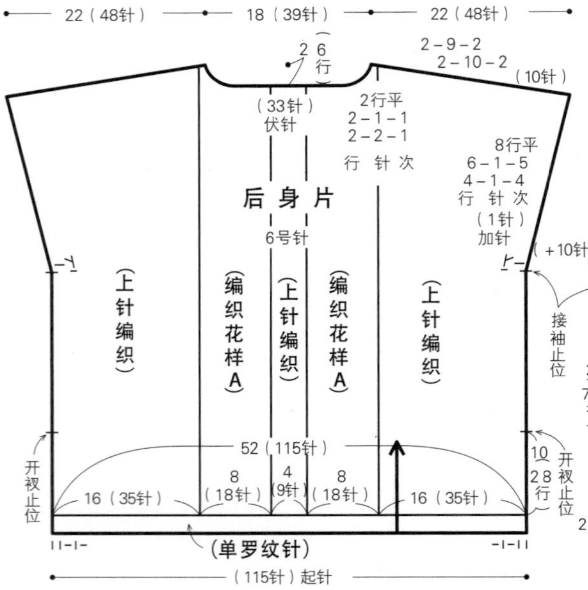

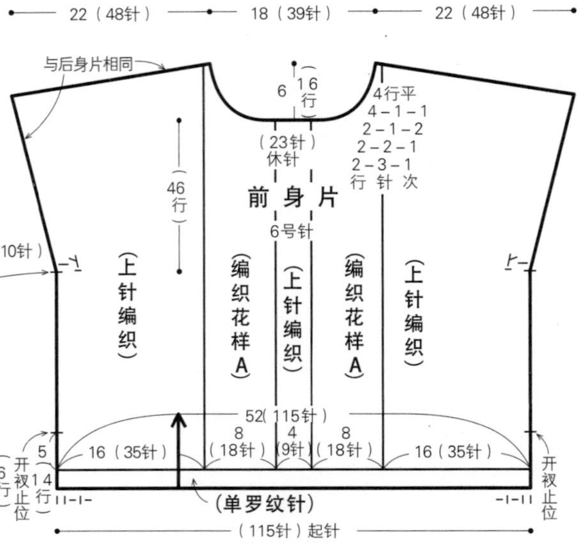

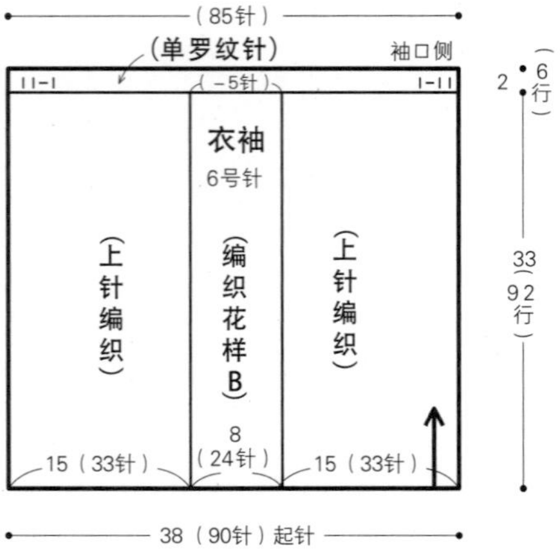

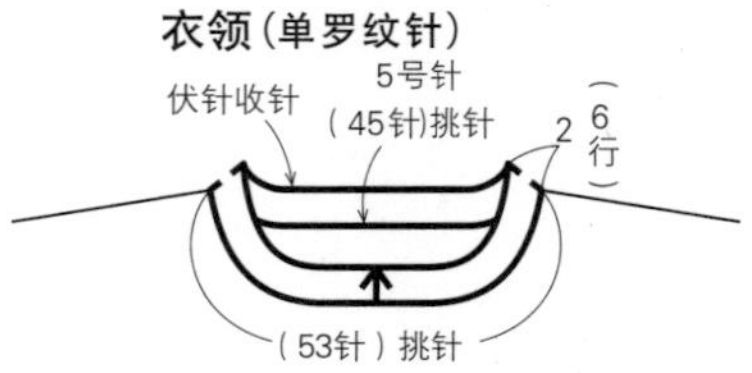

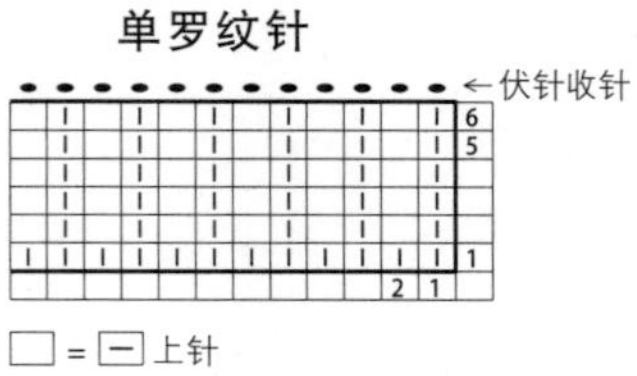

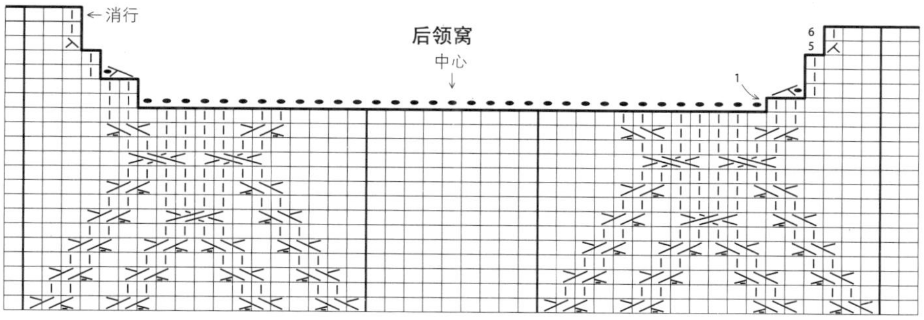

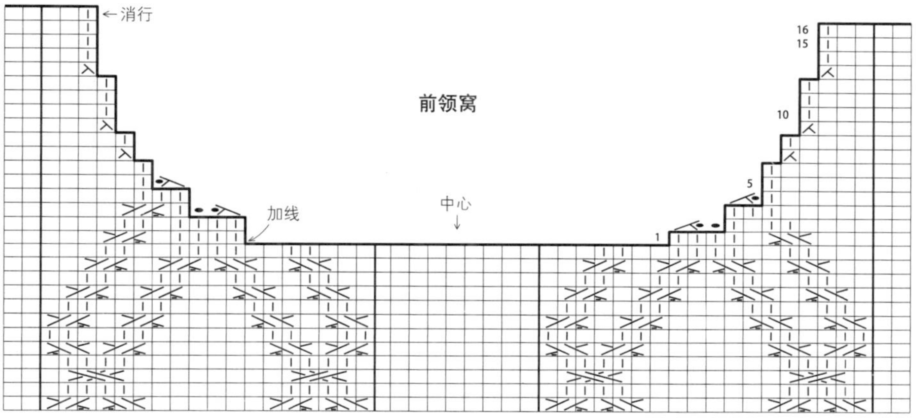

编织花样A

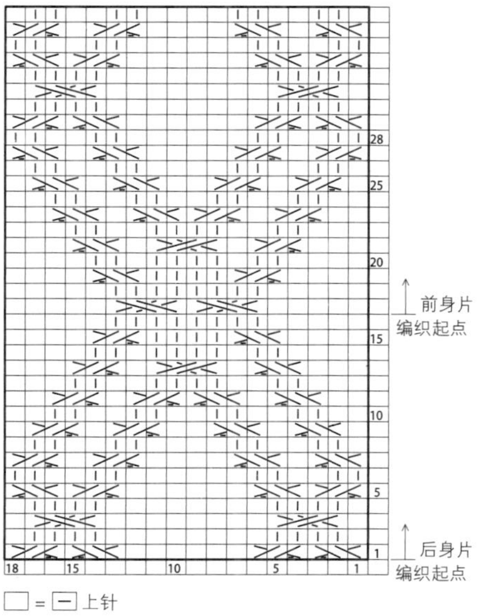

□ = ⊟ 上针

单罗纹针减针

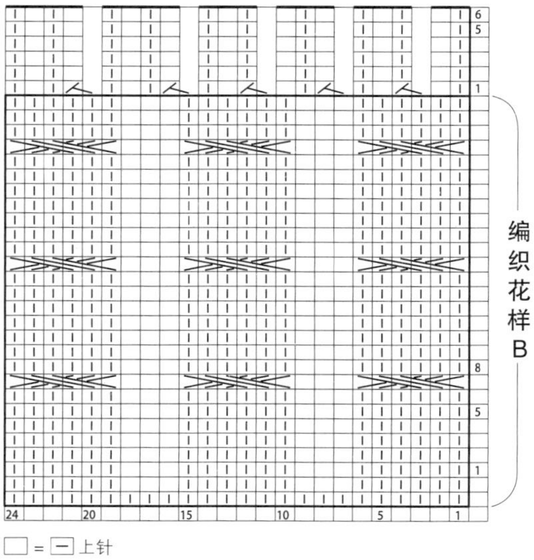

□ = ⊟ 上针

16 | 19页

●**材料**　Princess Anny（粗）炭灰色（519）350g/9团

●**工具**　棒针6号、5号

●**成品尺寸**　胸围88cm，衣长51.5cm，连肩袖长77.5cm

●**编织密度**　10cm×10cm面积内：编织花样B 21针，30行；编织花样C 23针，28行

●**编织要点**　**前后身片**　手指起针，前后身片环形编织。从下摆开始编织16行编织花样A，然后做编织花样B。编织终点休针。**衣袖**　另线锁针起针，环形做编织花样C。做上对齐标记，剩余针目休针。编织相同的2片，对称做上对齐标记。**育克、衣领**　从身片、衣袖挑针，按照图示一边分散减针，一边环形做编织花样C'。衣领做环形编织。编织终点根据上下针做伏针收针。袖口解开另线锁针，按照衣领的方法做伏针收针。身片和衣袖对齐相同标记（△、▲）处的针与行做伏针收针，标记（○、●）处做下针的无缝缝合。

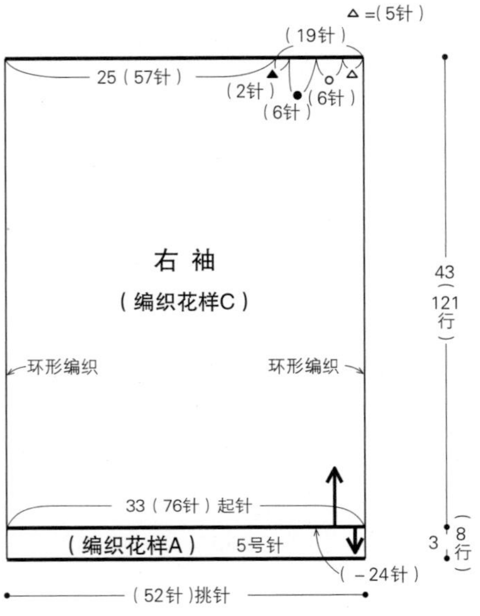

※左袖和右袖对称做上对齐标记

※除指定（衣领、袖口）以外均用6号针编织

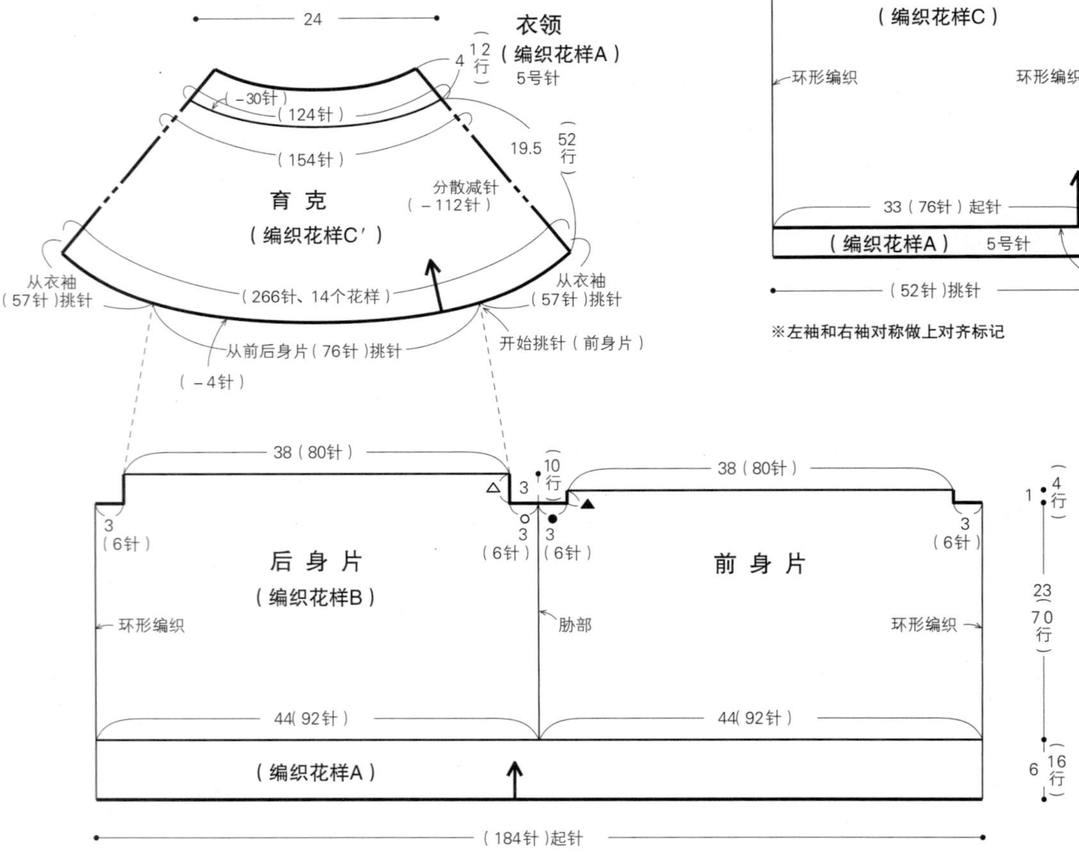

编织花样B

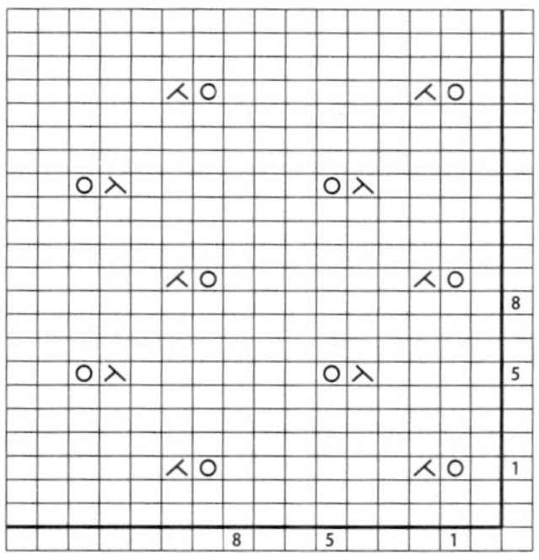

□ = I 下针

编织花样A

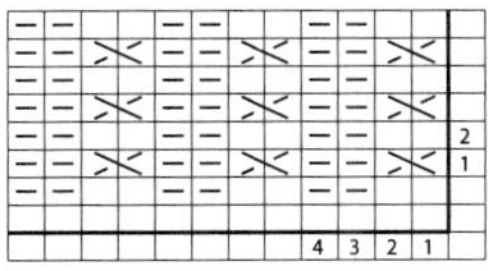

□ = I 下针

编织花样C

※左袖对称对齐缝合

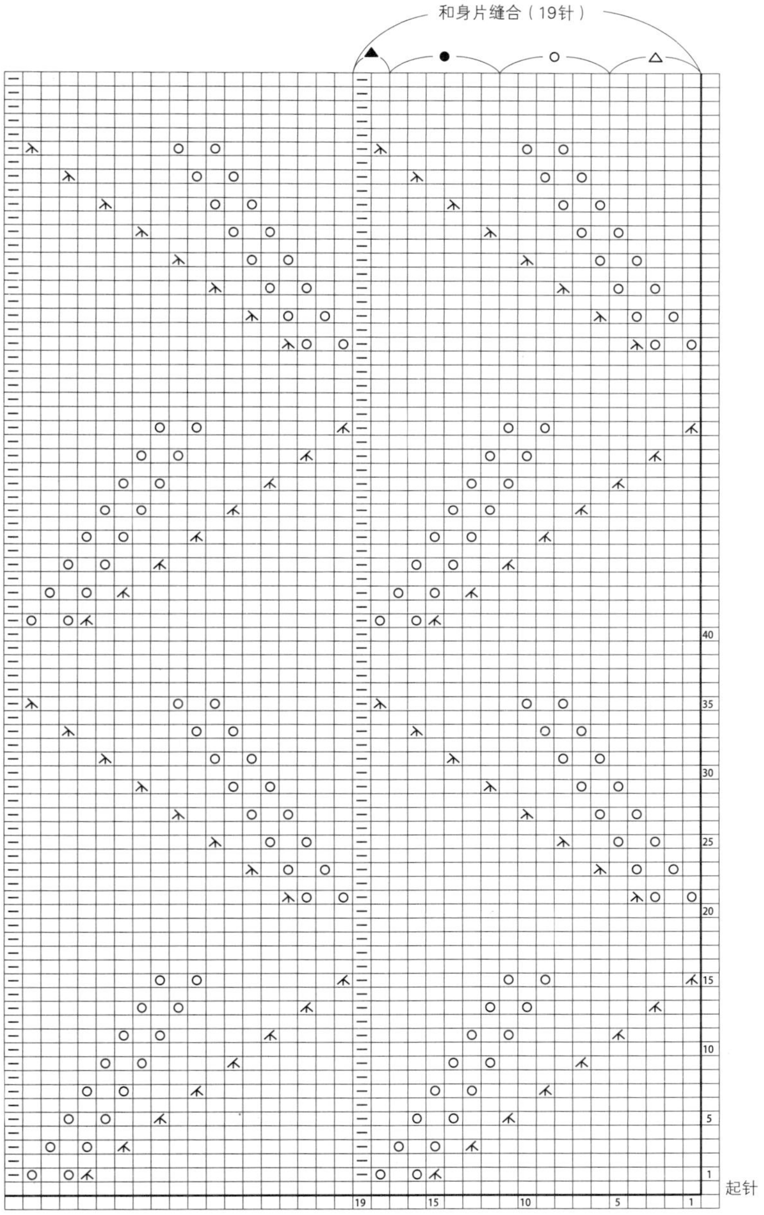

□ = I 下针

衣领（编织花样A）

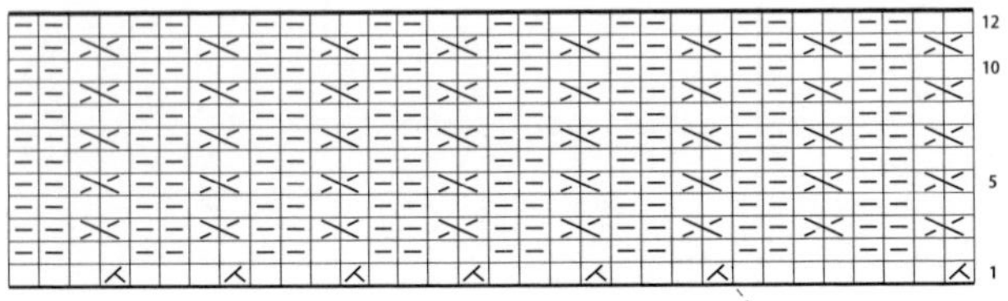

育克
（编织花样C′）

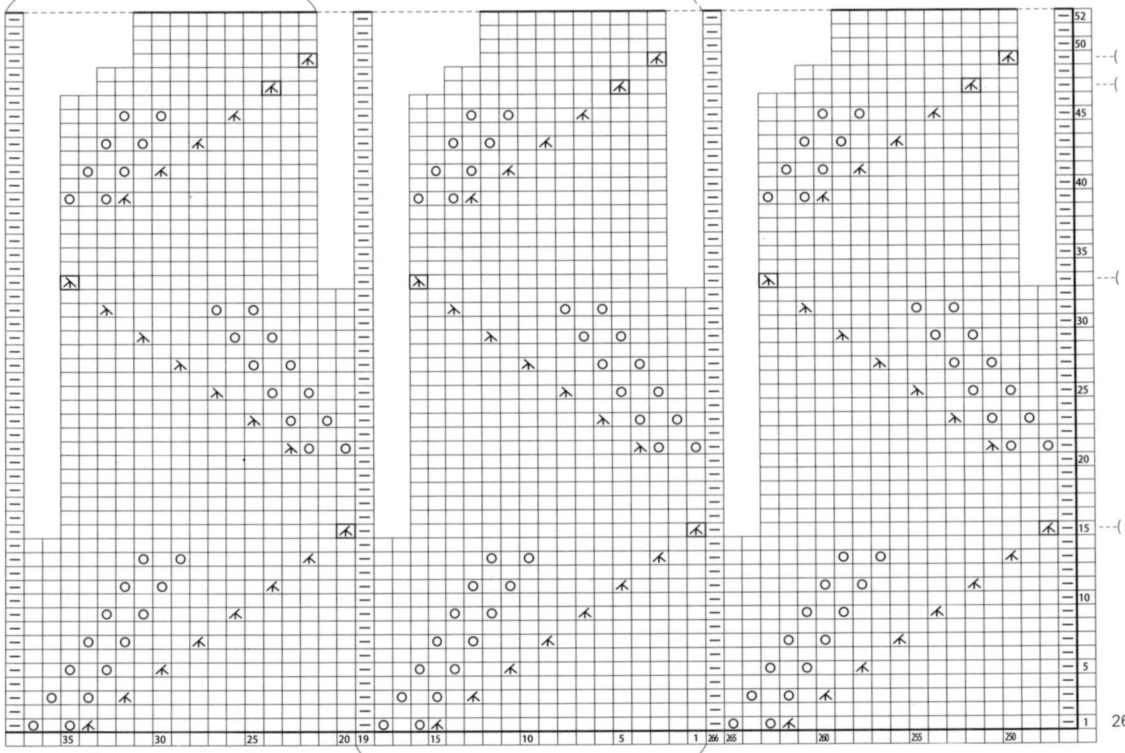

□ = Ⅰ 下针

⋏、⊠ = 编织花样减针

19 ｜24页

●**材料**　Mille Colori 200G（中粗）绿色、褐色系段染线（26）290g/2团

●**工具**　棒针8号

●**成品尺寸**　自由

●**编织密度**　10cm×10cm面积内：下针编织16针，26行；编织花样16针，25.5行

●**编织要点**　**前后身片**　前后身片连在一起编织。另线锁针起针，编织起伏针、下针编织、编织花样。胁部61针做另线锁针起针编织。**组合**　编织起点和胁部的△标记处解开另线锁针起针，做盖针接合；★标记处将胁部休针和编织终点的休针对齐，做盖针接合。

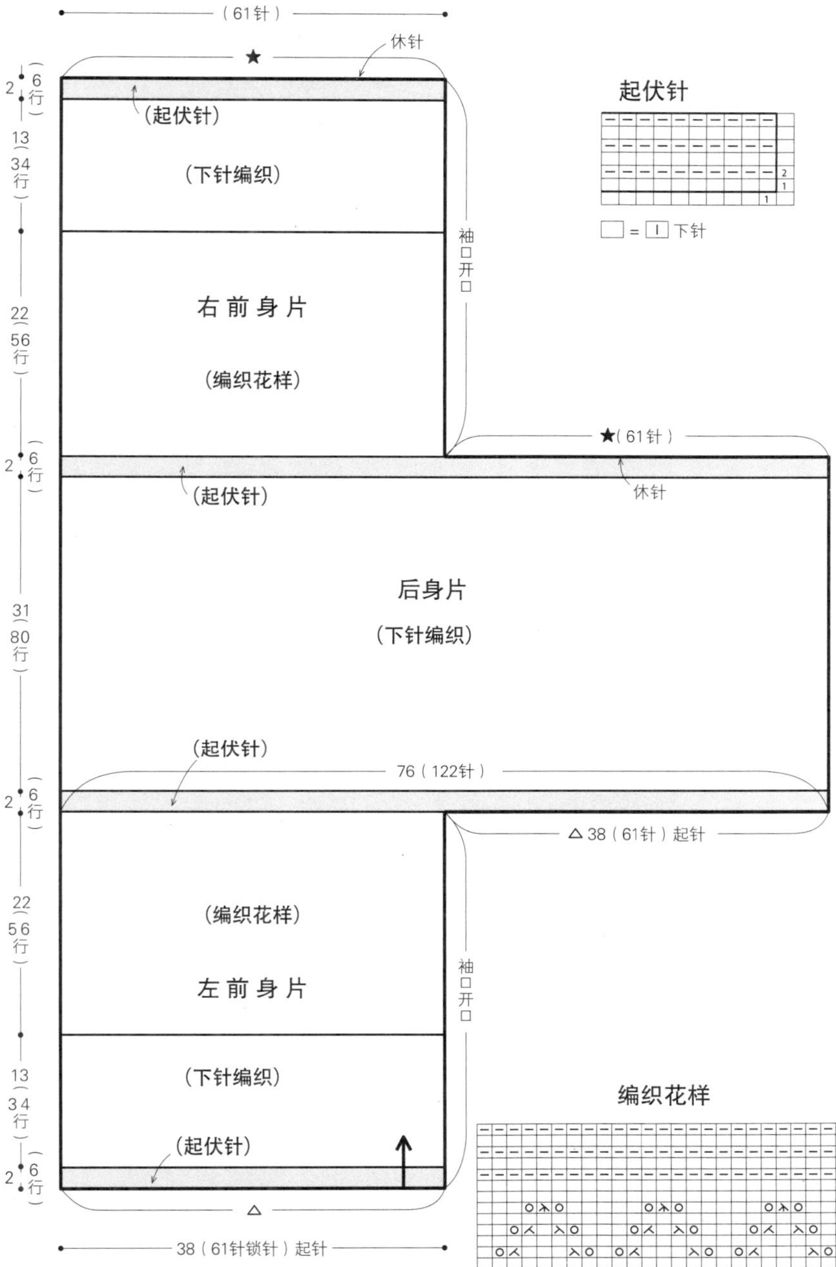

※全部使用8号针编织

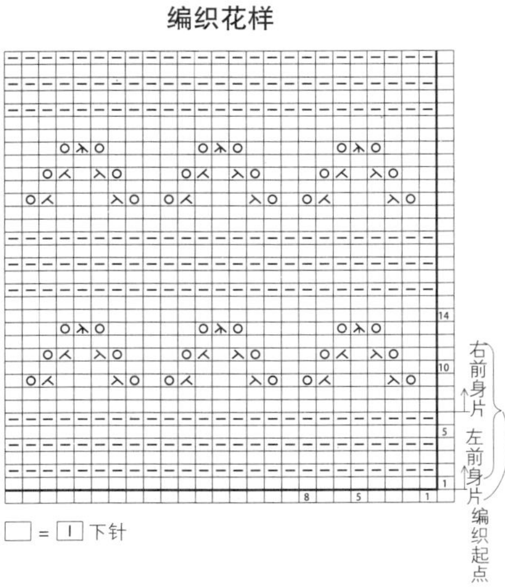

17 | 20页

●**材料** Alba(粗)烟青色(1112)240g/6团、灰米色(1219)80g/2团,直径1.5cm的纽扣4颗

●**工具** 棒针5号

●成品尺寸 胸围102cm, 衣长52cm,连肩袖长25.5cm

●**编织密度** 10cm×10cm面积内:编织花样A 20.5针,36行;编织花样B 26针,48行

●**编织要点** **后身片** 手指起针,按照图示编织起伏针和编织花样A。领窝做伏针减针和立起侧边1针减针。肩部做引返编织,右肩休针。左肩第1行消行,贴边编织起伏针,做伏针收针。**前身片** 起针方法和后身片相同,编织起伏针,然后每2行换色编织起伏针条纹和编织花样B。领窝做伏针减针和立起侧边1针减针。肩部做引返编织,左肩加线,在肩头编织4针,第1行消行,贴边编织起伏针,还要开扣眼。右肩休针。**组合** 右肩做盖针接合,胁部留出袖口和开衩位置,使用毛线缝针做挑针缝合。衣领从前后领窝和贴边挑针,编织起伏针,也要开扣眼。最后做伏针收针。后左肩缝上纽扣。

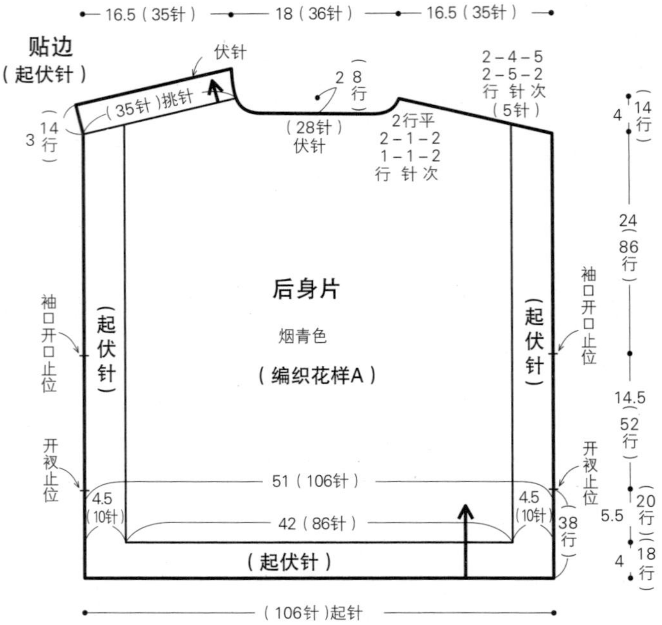

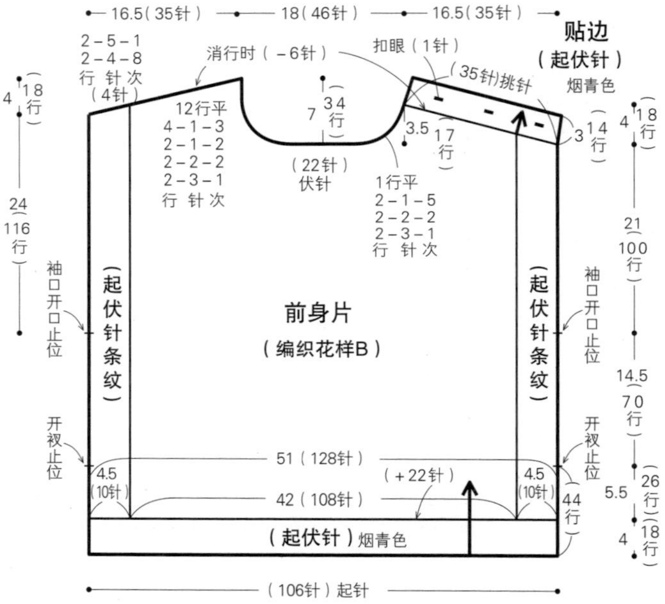

※全部使用5号针编织

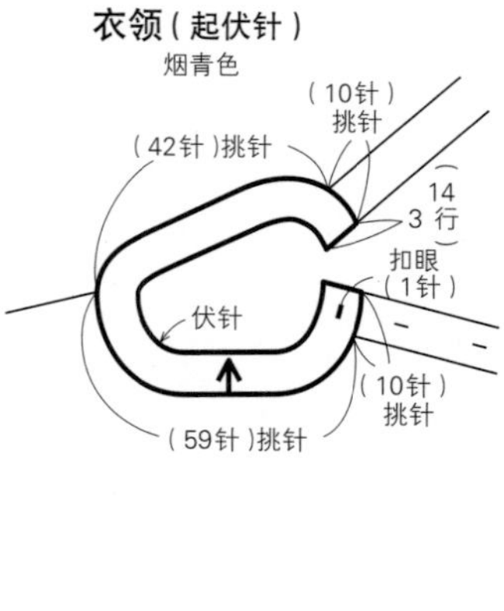

编织花样A

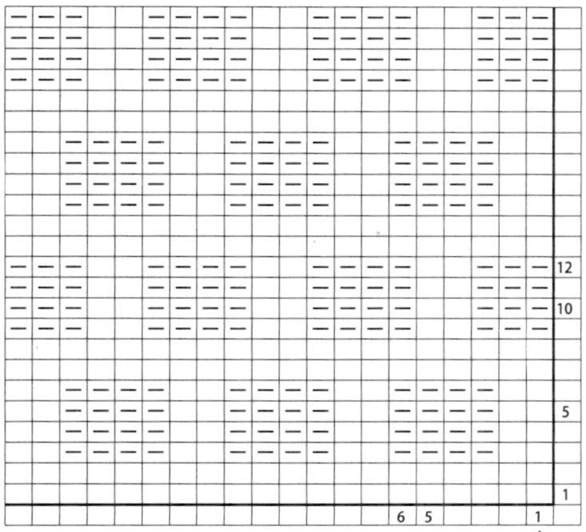

□ = ⊡ 下针

↑
编织起点

编织花样B

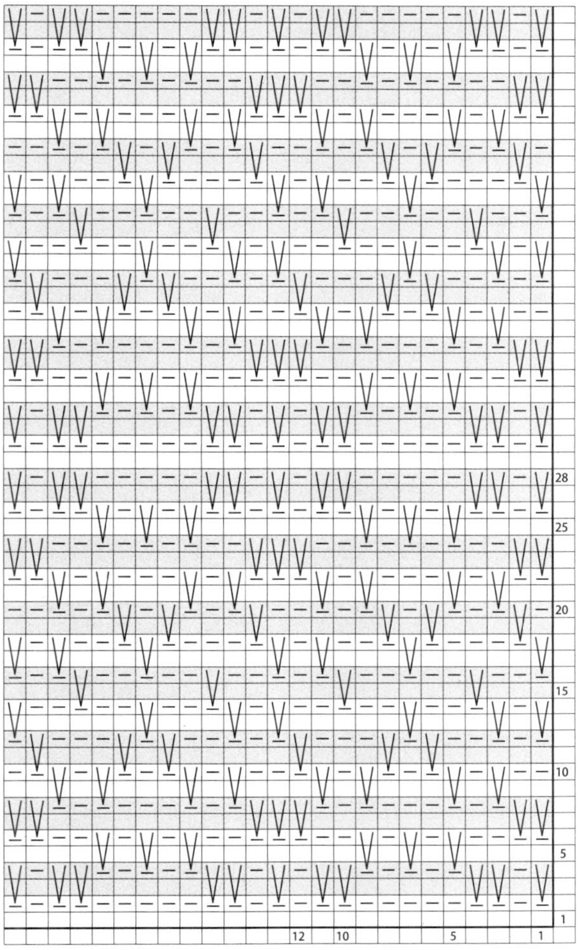

□ = ⊡ 下针

□ = 灰米色　　▨ = 烟青色

起伏针

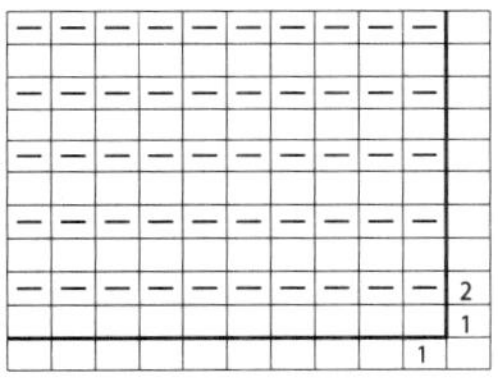

□ = ⊡ 下针

衣领的扣眼

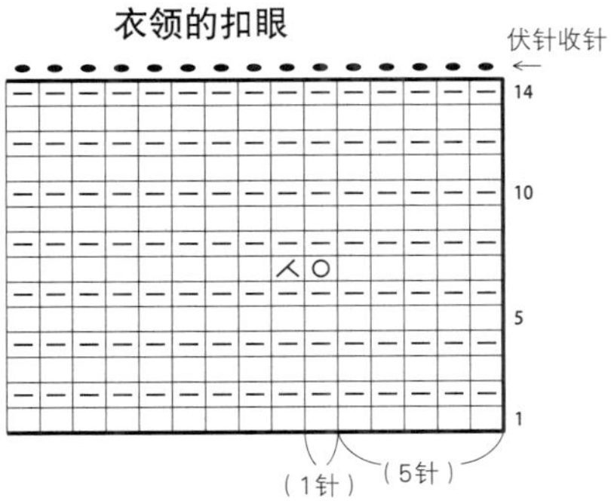

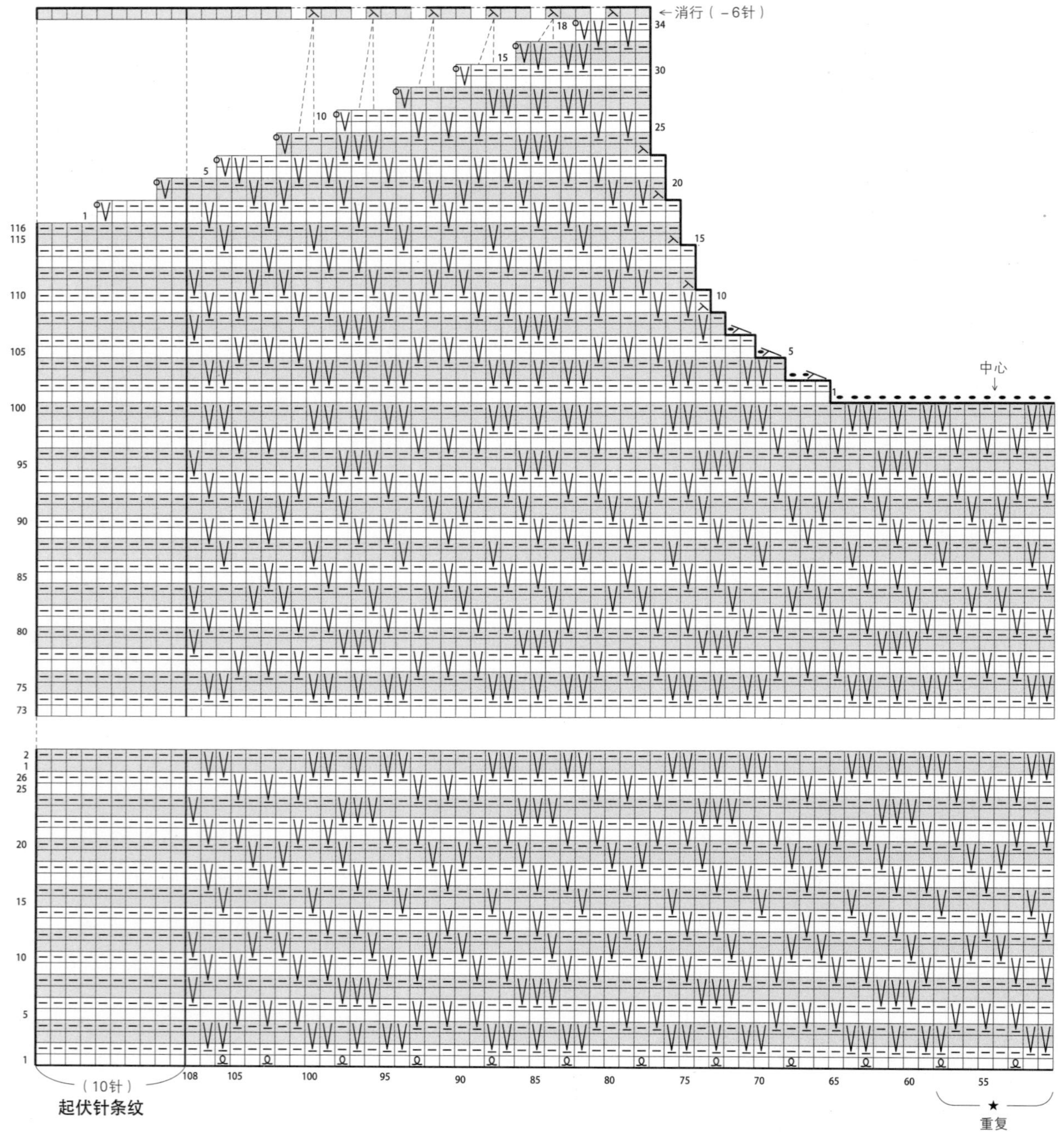
←消行（－6针）
中心
（10针）
起伏针条纹
重复

前身片

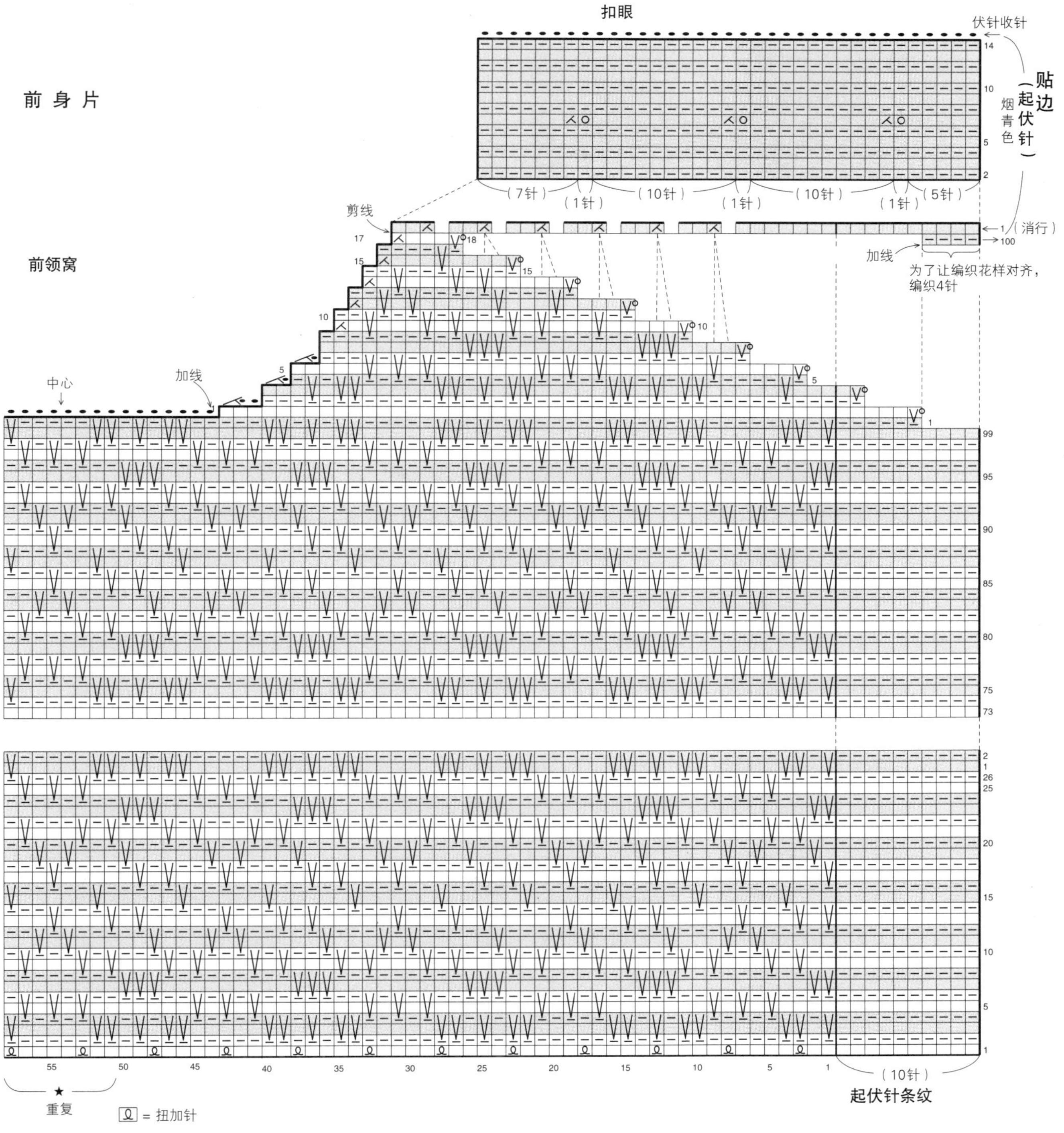
扣眼
伏针收针
贴边(起伏针)
烟青色
(7针)
(1针)
(10针)
(1针)
(10针)
(1针)
(5针)
剪线
1(消行)
100
加线
为了让编织花样对齐，编织4针
前领窝
中心
加线
起伏针条纹
(10针)
★
重复
= 扭加针

18 | 22页

●材料 Mille Colori Baby(中细)
作品 a：绿色、橙色、紫色系段染线(050)220g/5团。**作品 b**：米色、粉色系深浅多色段染线(151)140g/3团
●工具 钩针4/0号
●成品尺寸
作品 a：宽140cm，长70cm
作品 b：宽110cm，长55cm
●编织密度 编织花样1个花样3.5cm，10行10cm
●编织要点 从中央钩织1针锁针起针，挑起锁针的半针和里山开始编织。在中央和两端参照图示，一边加针一边做编织花样。作品a和作品b的行数不同，编织要领相同。作品a是56行，作品b是44行。

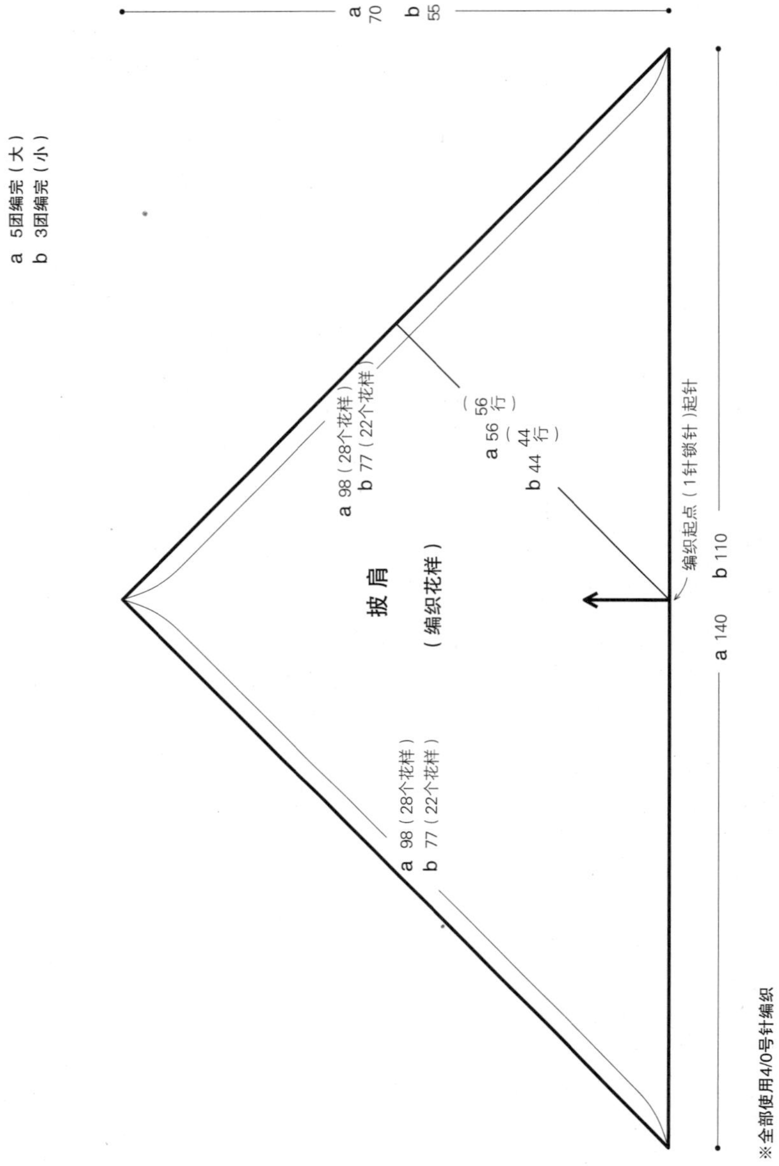

披肩的编织方法图

a、b通用

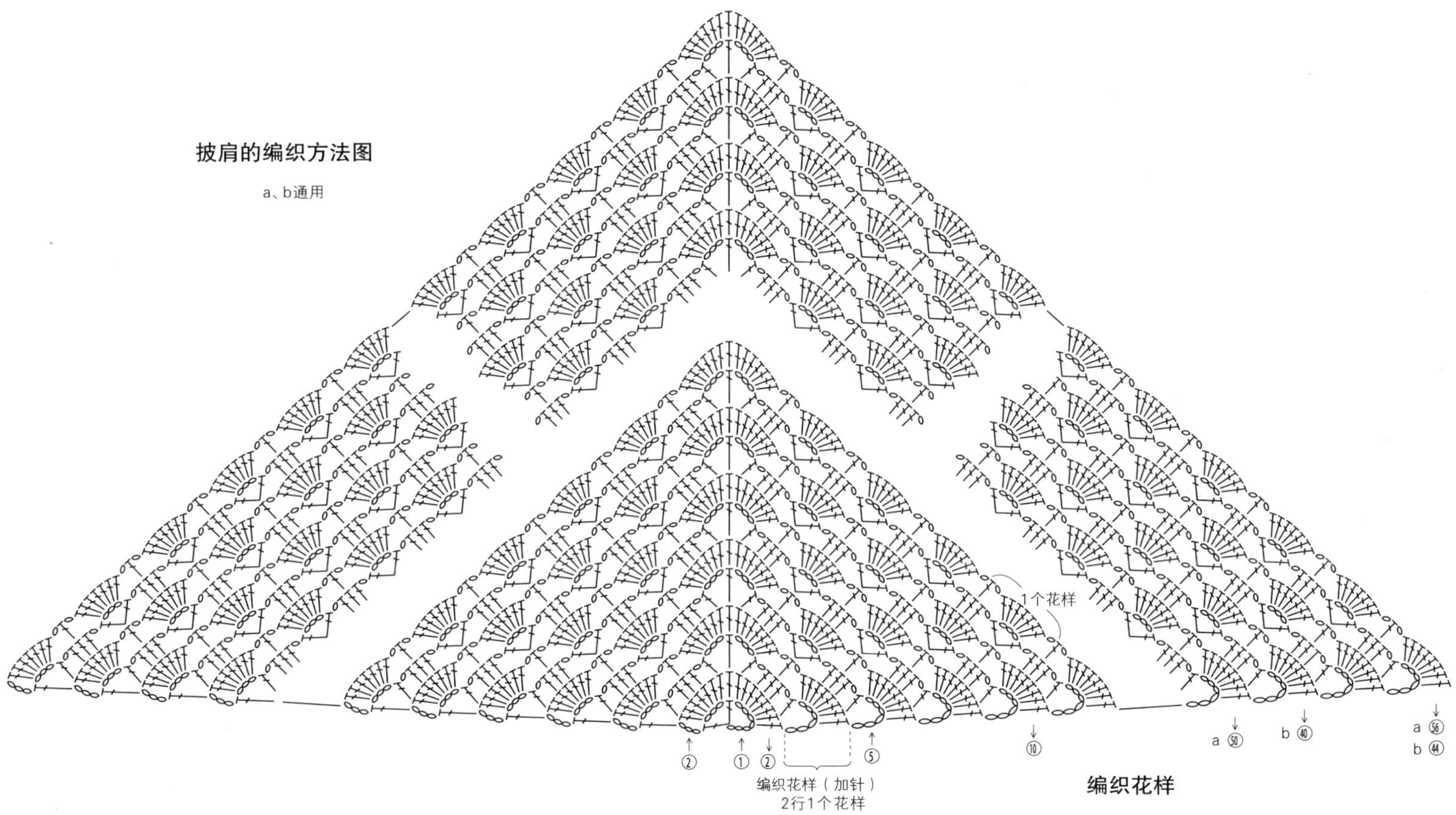

●**材料** L'INCANTO no.9（极粗）**作品 a**：米色（902）50g/1 团。**作品 b**：海军蓝色（904）50g/1 团

●**工具** 棒针 11 号

●**成品尺寸** 头围 43cm，帽深 24cm

●**编织密度** 10cm×10cm 面积内：编织花样 15 针，23 行

●**编织要点** 手指起针做环形编织，从帽口开始环形编织单罗纹针。编织 28 行编织花样，帽顶参照图示，一边分散减针一边编织。帽顶剩余 8 针穿线并收紧。

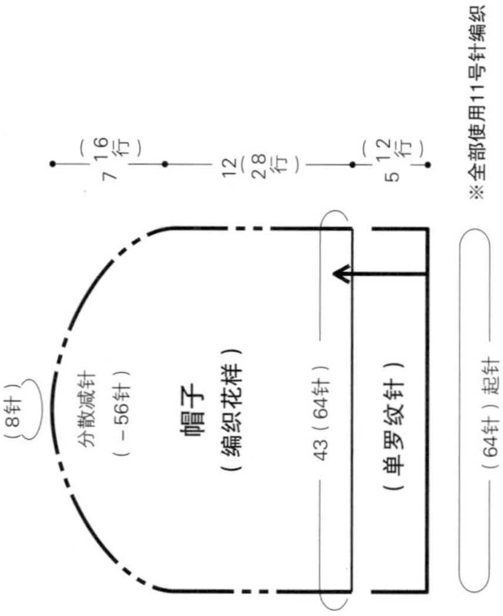

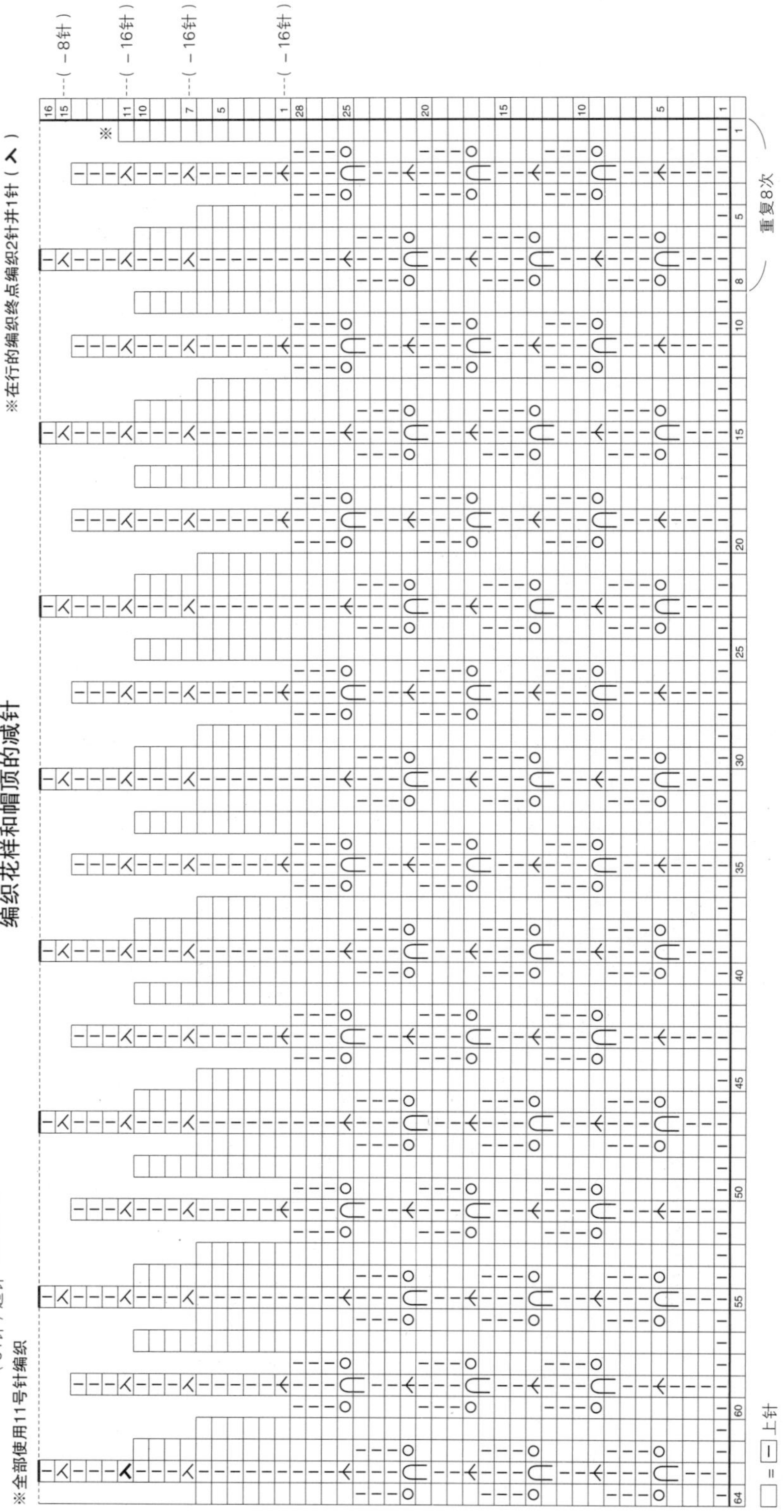

21 | 26页

●**材料**　Queen Anny(中粗)海军蓝色(827) 460g/ 10 团，直径 2.4cm 的纽扣 1 颗

●**工具**　棒针 6 号，钩针 6/0 号

●**成品尺寸**　胸围 92cm，衣长 44.5cm，连肩袖长 50cm

●**编织密度**　10cm × 10cm 面积内：编织花样 20 针，33 行

●**编织要点**　**后身片**　手指起针，从下摆开始做编织花样，按照图示编织。袖下参照图示加针，编织挂针、扭针和卷针加针，袖口不加减针。领窝做伏针减针，中央针目编织伏针，另一侧也做伏针减针。衣袖中心和肩部休针。后衣领中心手指起针，参照图示做引返编织，另一侧按照相同方法挑针编织。**前身片**　从后身片的休针和后衣领的对齐标记挑针，参照图示，接着后身片编织。**组合**　袖下、肋部正面相对对齐，使用毛线缝针从袖口做挑针缝合。后衣领、领窝对齐相同标记，做卷针缝缝合。衣领周围、前门襟、下摆、袖口编织 1 行反短针。左前身片缝上纽扣。

※左前身片和右前身片对称编织

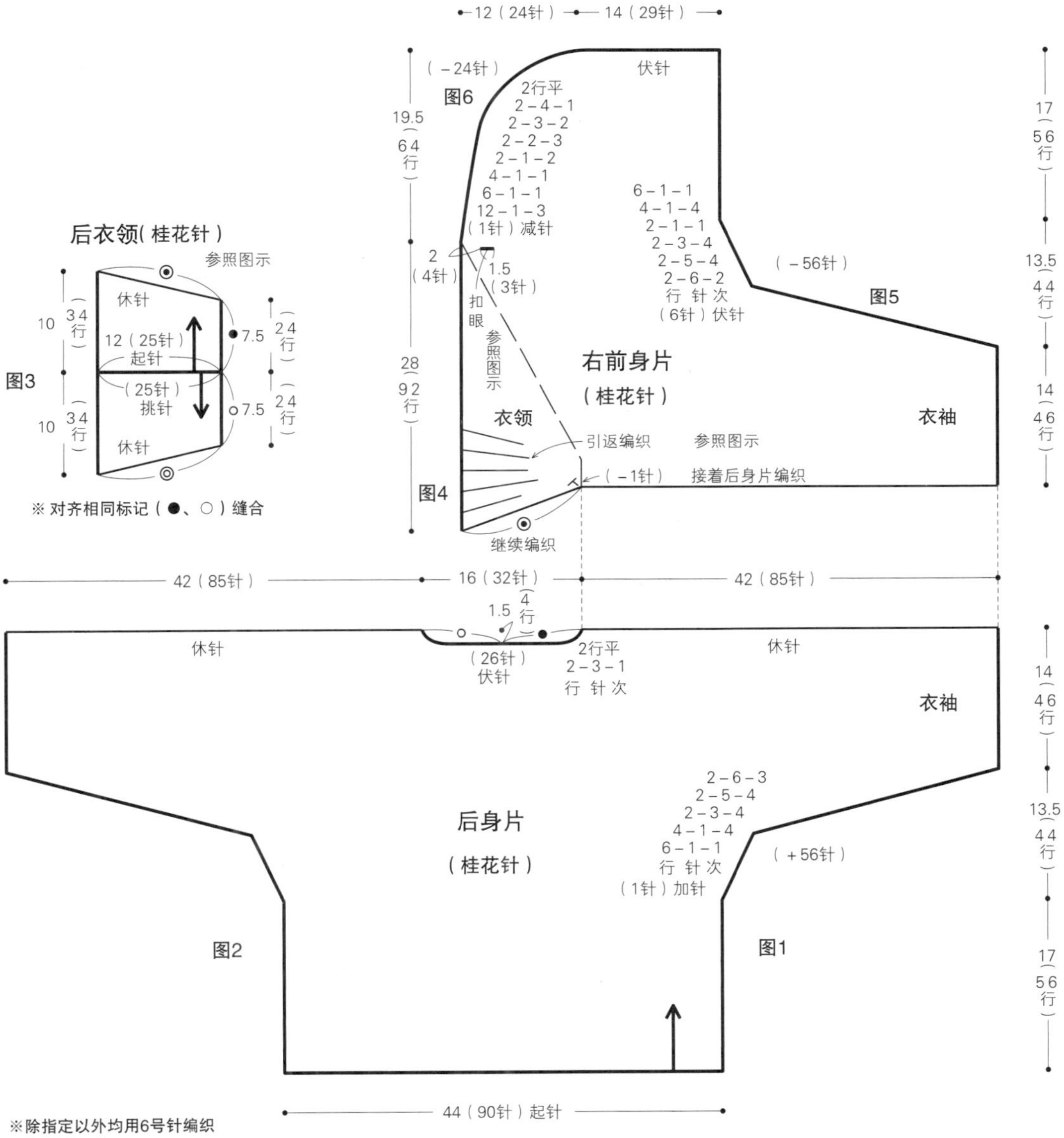

※除指定以外均用6号针编织

反短针

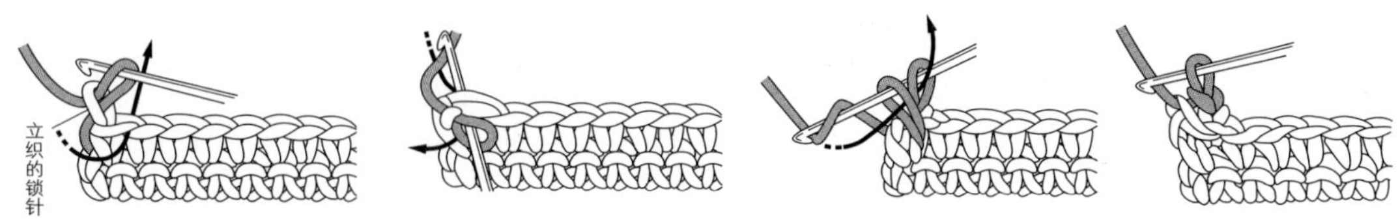

① 从左向右编织。如箭头所示插入钩针。

② 挂线后拉出。

③ 挂线，一次性地从2个线圈中引拔出来。

④ 1针反短针完成。

编织花样

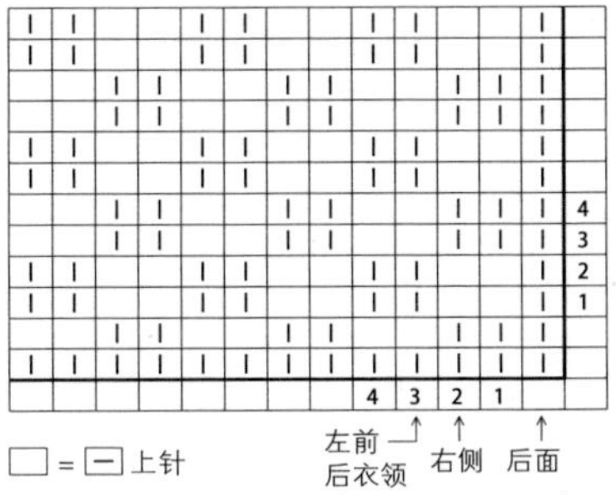

※前衣领从第1行编入花样

图4

左前衣领的引返编织

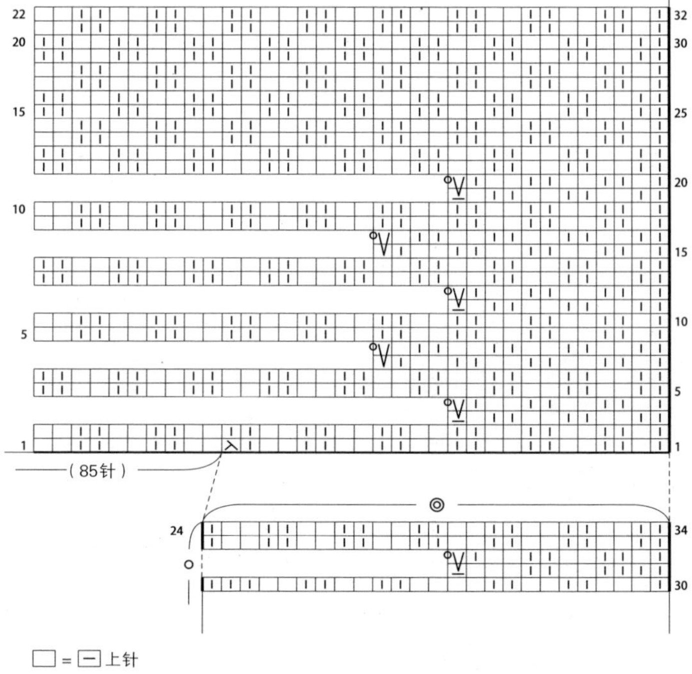

右前衣领的引返编织

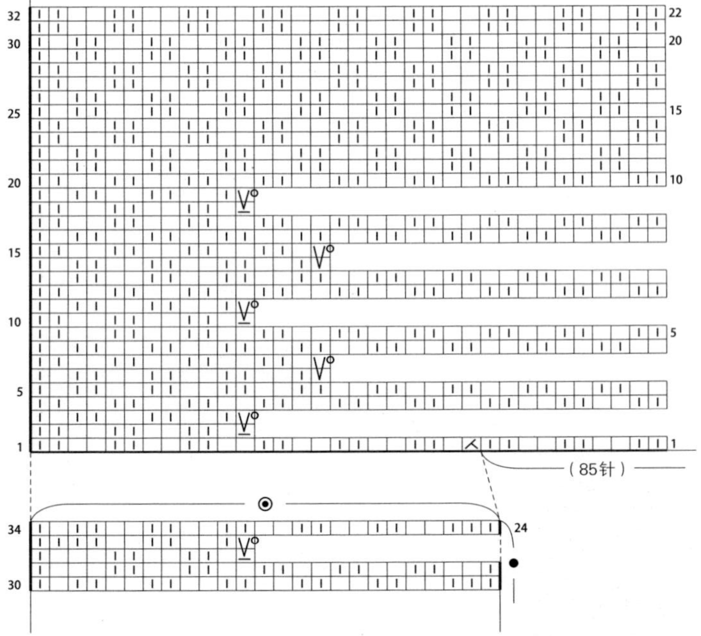

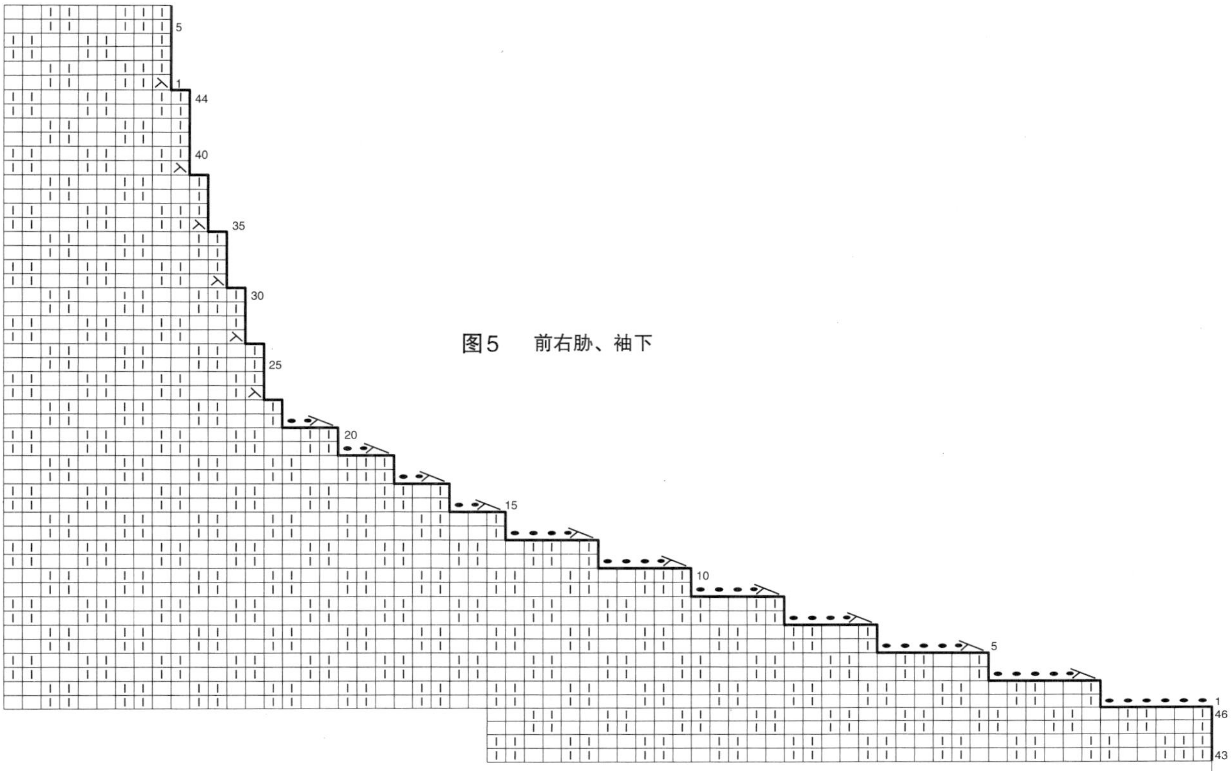

图5　前右胁、袖下

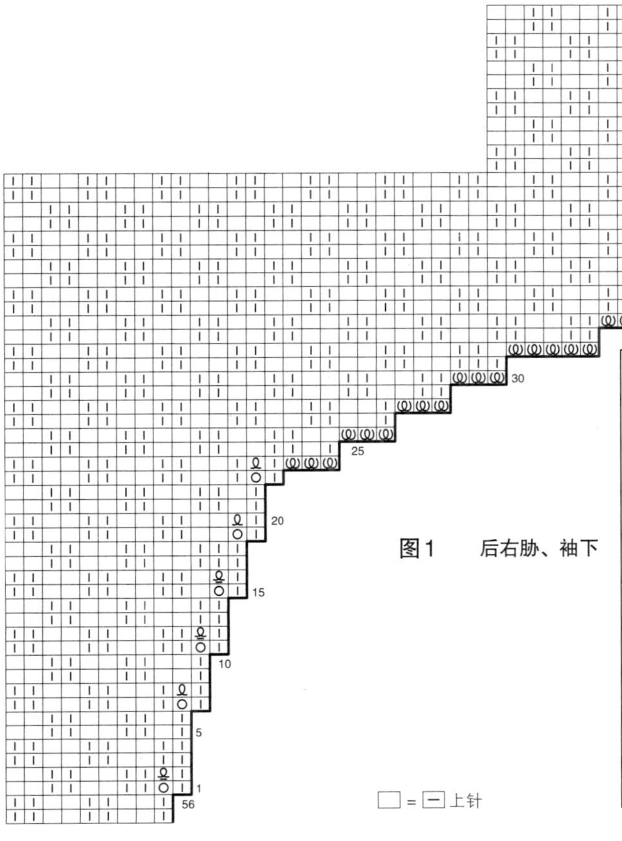
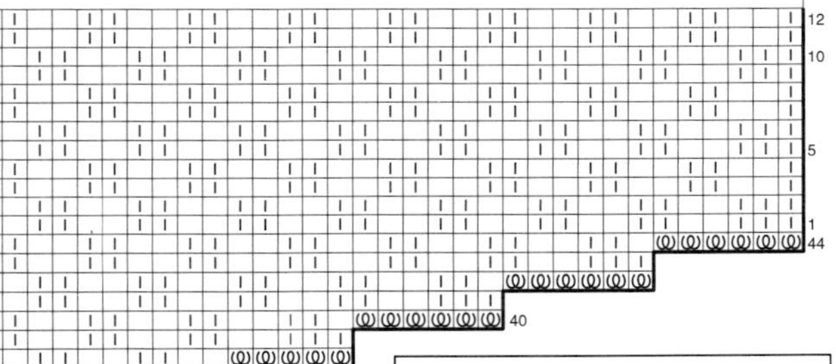

图1　后右胁、袖下

□ = ⊟ 上针

卷针加针（2针以上时）

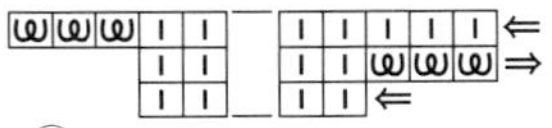

①

重复"食指挂线，插入棒针，抽出食指"至所要加针的针数。

②

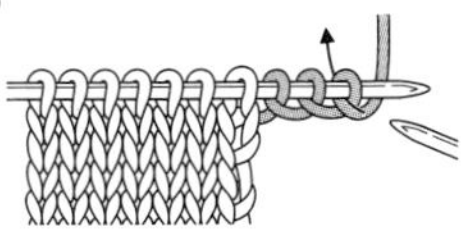

翻到正面，如箭头所示插入右棒针编织下针。剩下的2针也按照相同方法编织，编织至端头。

③

和步骤①相同，食指挂线，然后插入棒针。

④

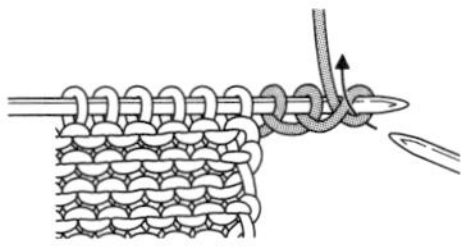

翻到反面，如箭头所示插入右棒针编织上针。剩下的2针也按照相同方法编织。

图6

右前下摆

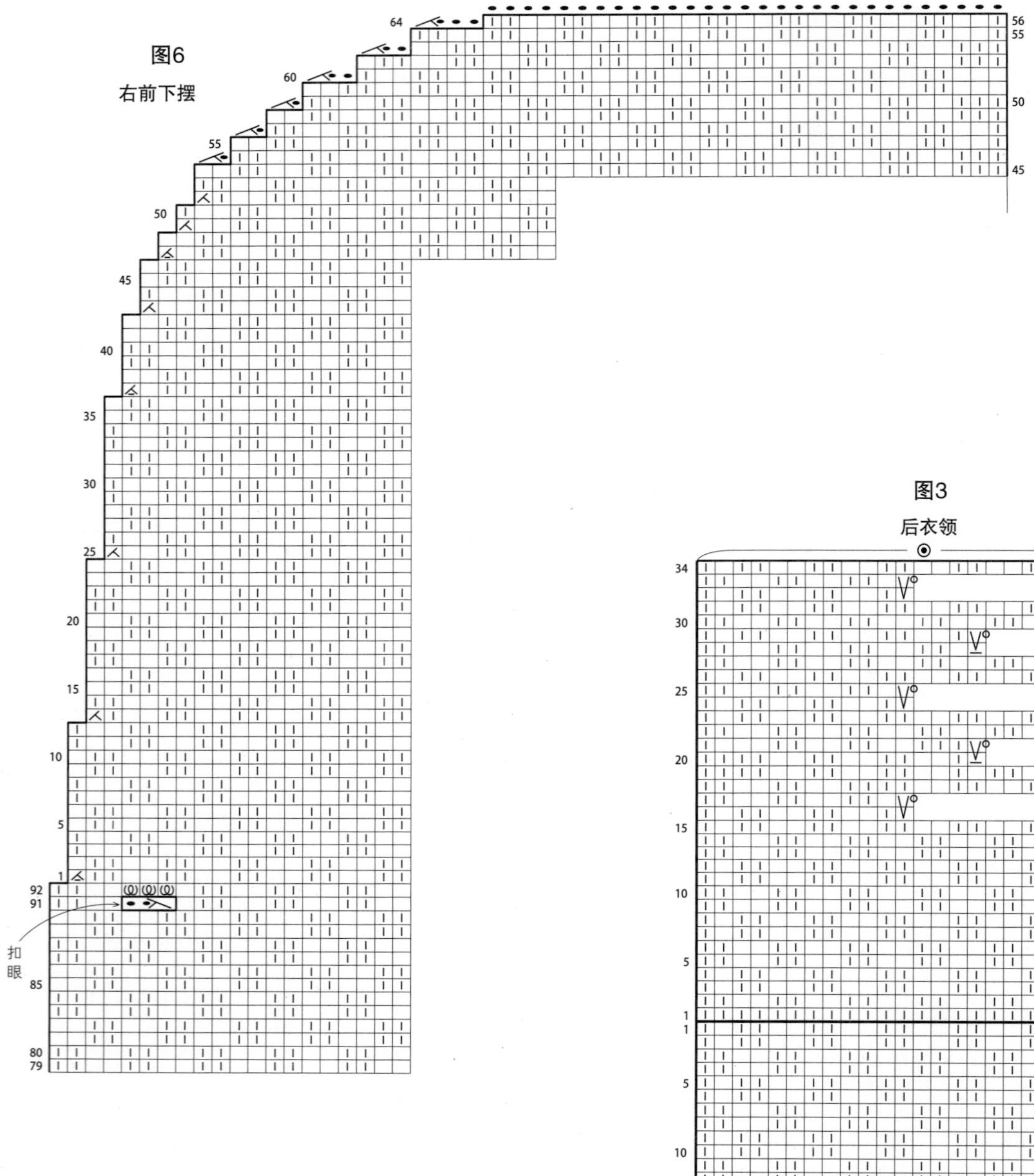

图3

后衣领

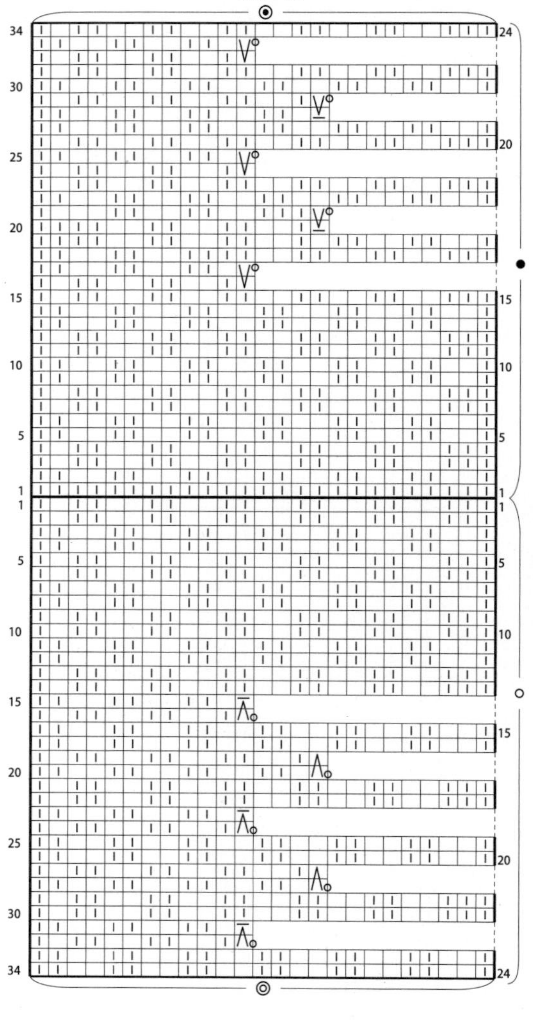

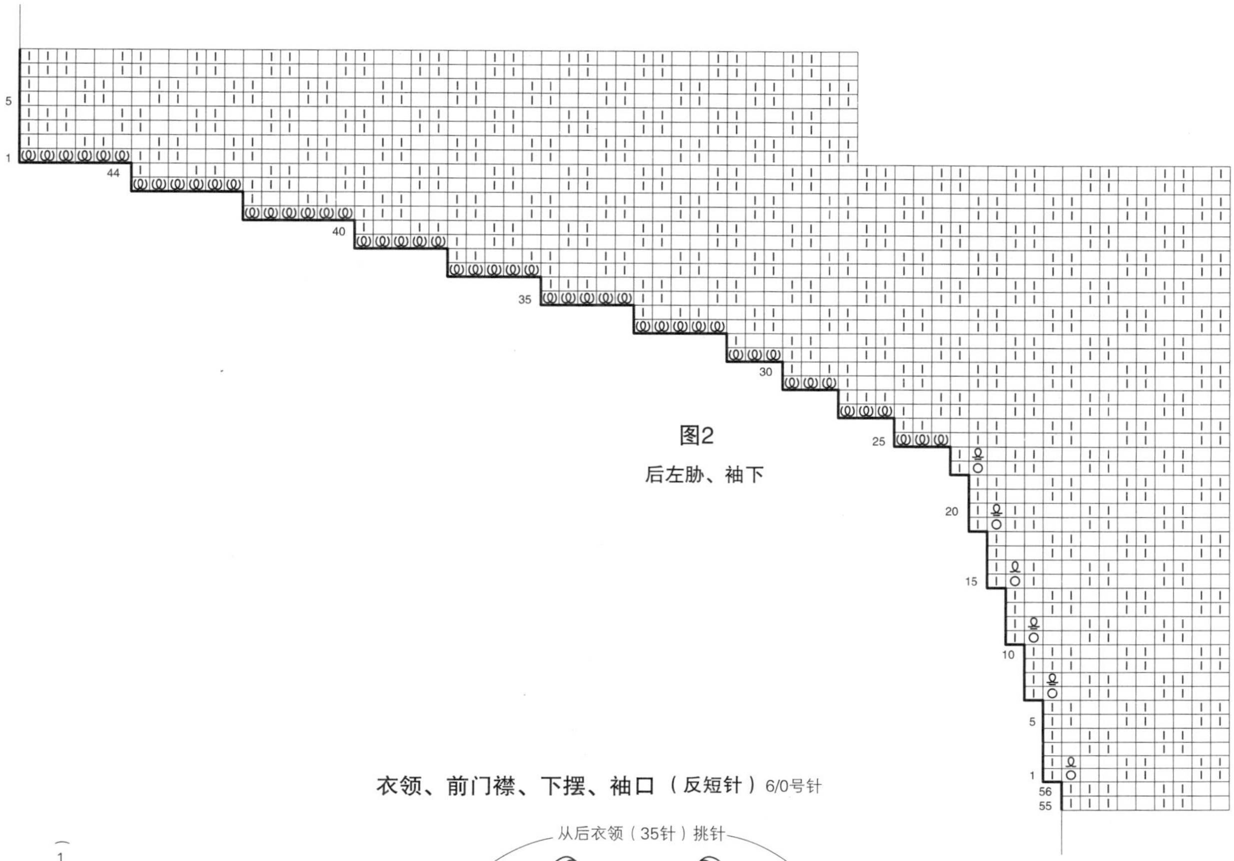

图2

后左肋、袖下

衣领、前门襟、下摆、袖口（反短针）6/0号针

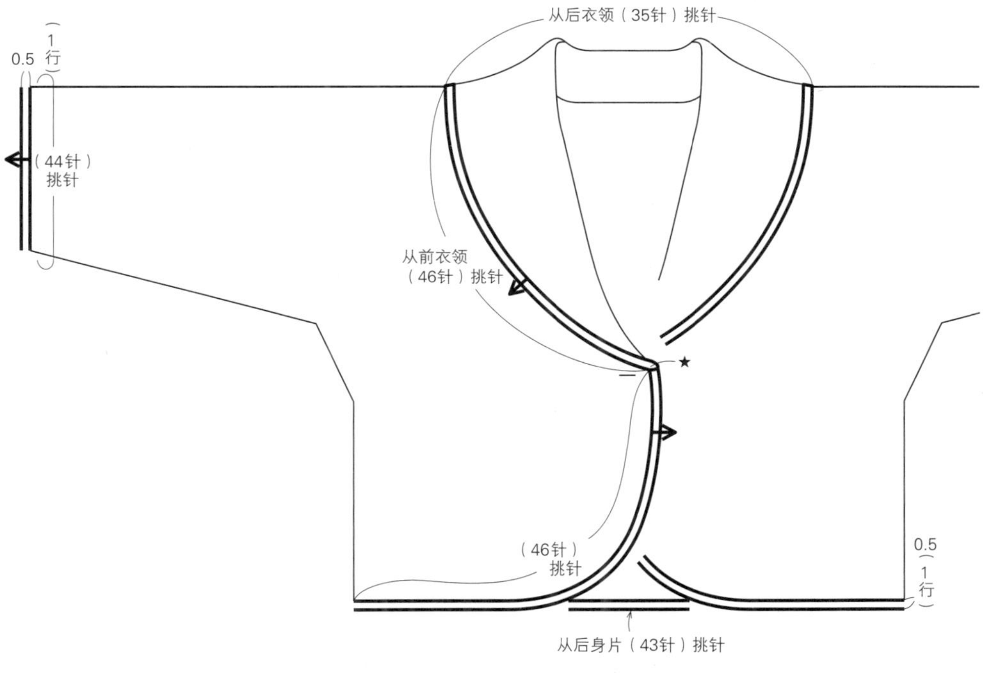

※衣领周围翻折时，看着成为正面的一面编织
（★位置编织起点）

反短针

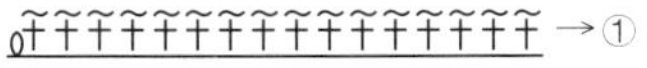

●**材料** **作品 a**：Mille Colori Baby（中细）紫罗兰系段染线（106）70g/2团，Puppy New 3PLY（细）紫色（344）10g/1 团。 **作品 b**：Mille Colori Baby（中细）粉色系段染线（085）70g/2 团，Puppy New 3PLY（细）深棕色（317）10g/1 团

●**工具** 钩针 4/0 号

●**成品尺寸** 掌围 19.5cm，长 24.5cm

●**编织密度** 10cm × 10cm 面积内：短针 26 针，32 行

●**编织要点** 除指定以外均用 Mille Colori Baby 线钩织。手掌、手背均钩织锁针起针，挑起锁针的半针和里山，按照图示钩织短针。手掌、手背均钩织相同的 2 片。参照手掌、手背的对齐方法，在边缘钩织引拔针接合。手套口钩织 1 行短针。

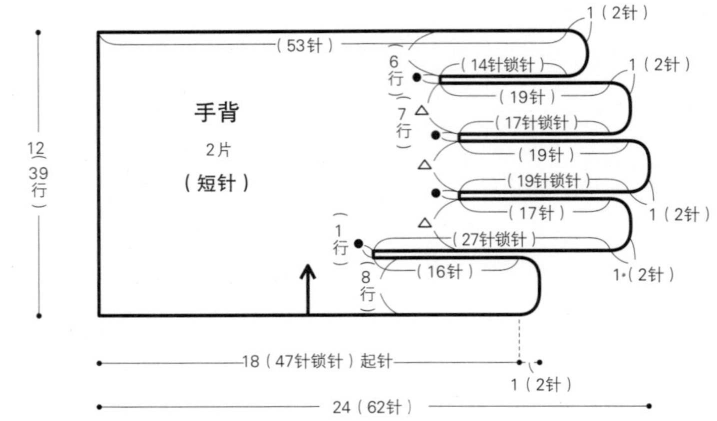

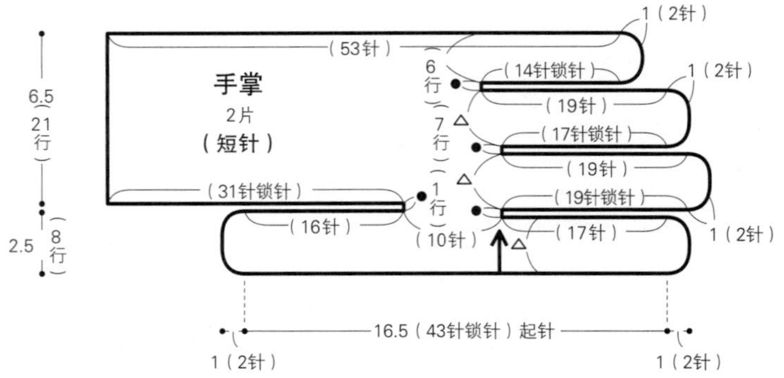

边缘 （**短针**） Puppy New 3PLY
a 紫色 b 深棕色

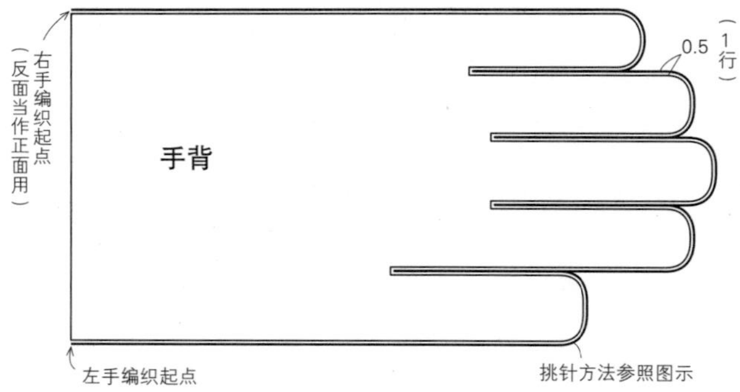

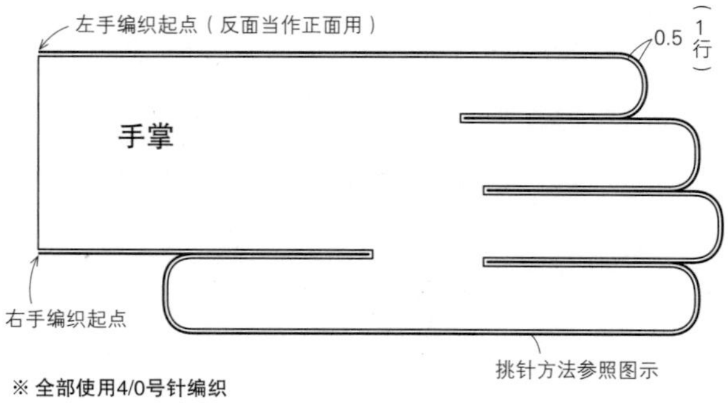

※ 全部使用4/0号针编织

手背

2片

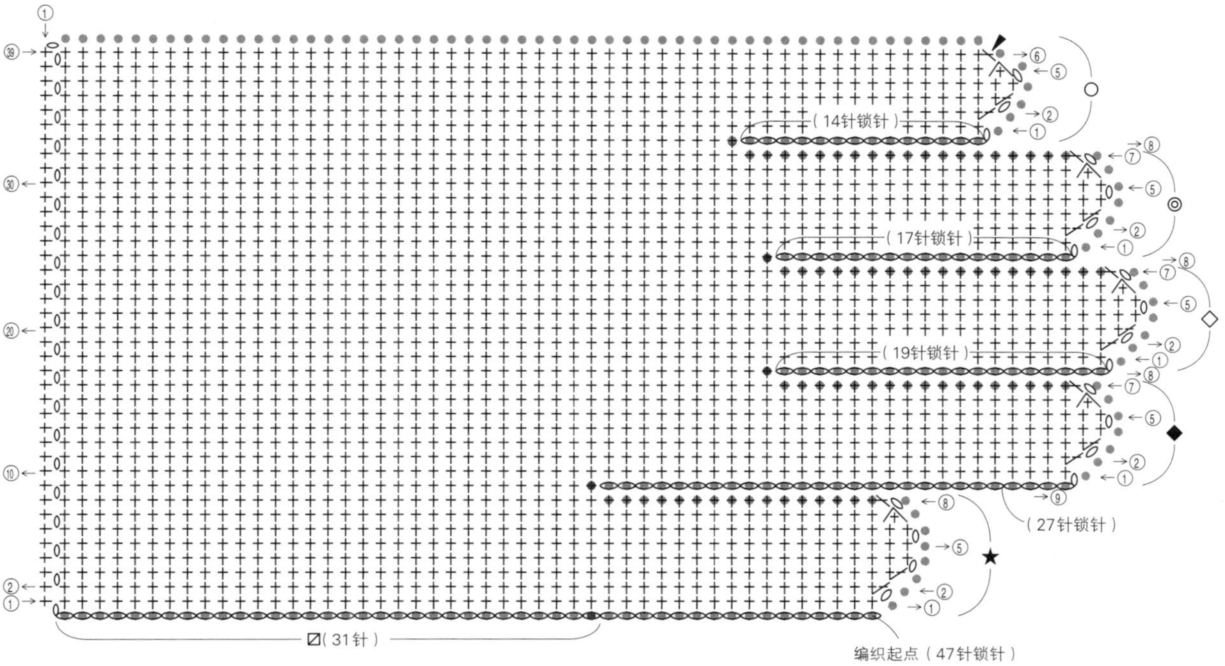

● = 短针挑针位置（1针）

● = 短针挑针位置（2针）

手掌

2片

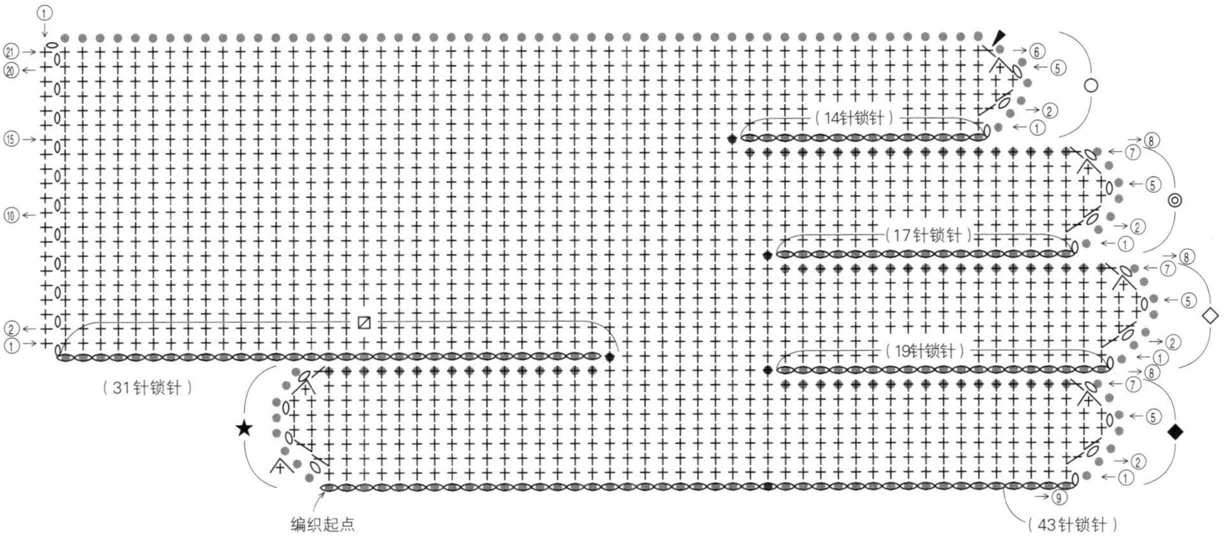

对齐方法（左手）

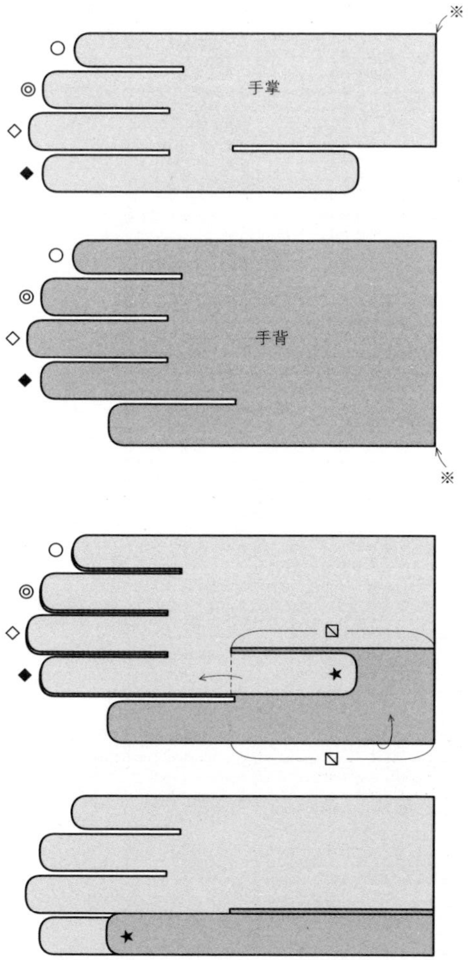

对齐方法（右手）

※＝边缘周围（短针）编织起点位置

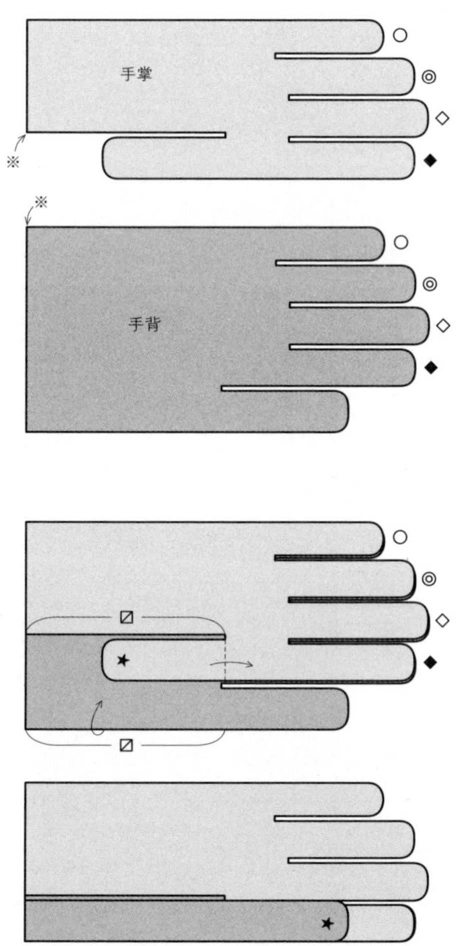

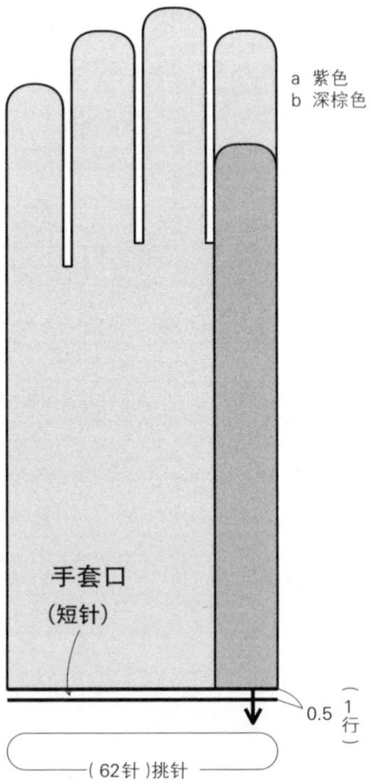

23 | 28页

●**材料** **作品a**：Monarca（极粗）乳白色（901）30g/1团，Pelage（极粗）乳白色（811）15g/1团。**作品b**：Monarca（极粗）米色（902）30g/1团，Pelage（极粗）米色（1315）15g/1团

●**工具** 棒针9号

●**成品尺寸** 掌围20cm，长21cm

●**编织密度** 10cm×10cm面积内：下针编织14针，24行；平直毛线编织17针，24行

●**编织要点** 用平直毛线（Monarca）起针，从手指出来的地方开始做引返编织。手掌用平直毛线编织，手背用花式纱线编织，换线时使用纵向渡线编织配色花样的方法。右手第34行用平直毛线编织，然后继续编织单罗纹针。编织终点根据上下针的针目做伏针收针。留出拇指孔，使用毛线缝针做挑针缝合。

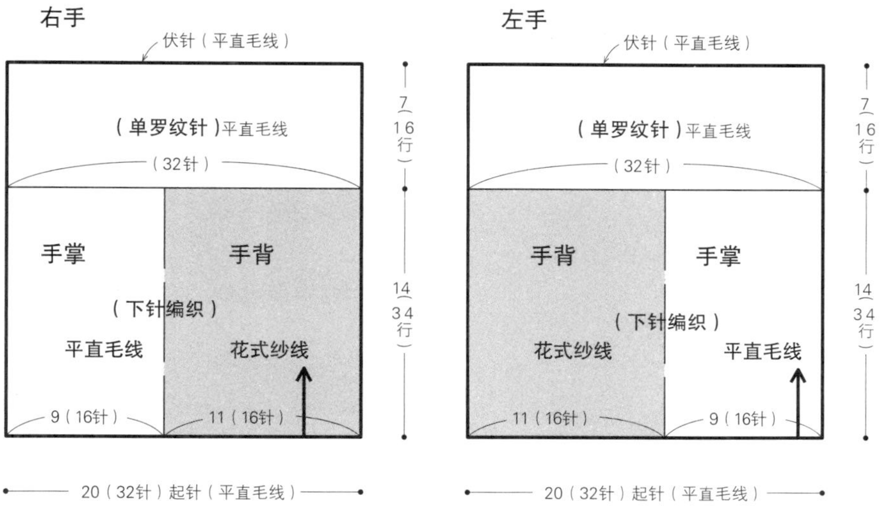

花式纱线=Pelage　　平直毛线=Monarca

※全部使用9号针编织

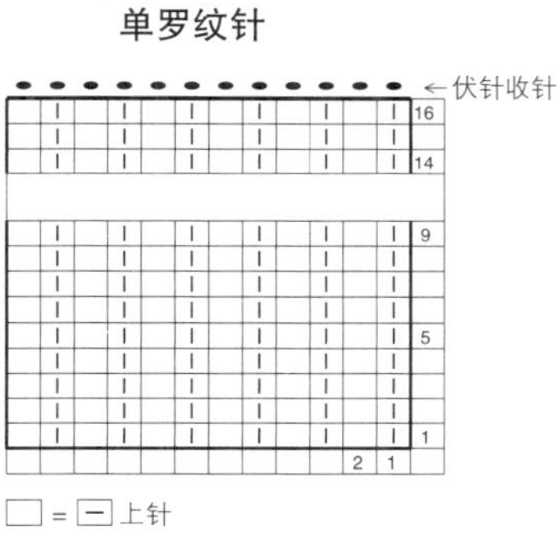

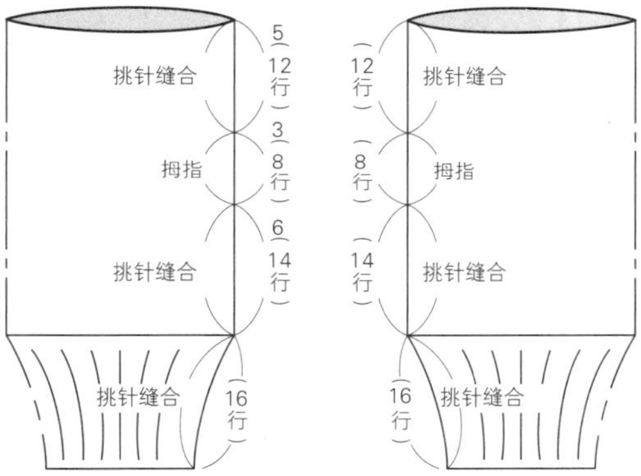

换线方法（纵向渡线）

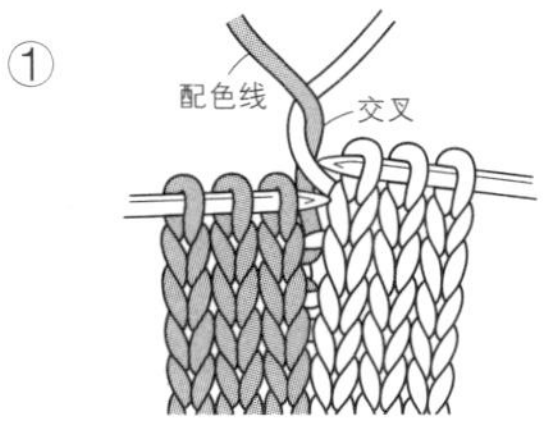

在交界处，按照图示让两种颜色的线交叉。

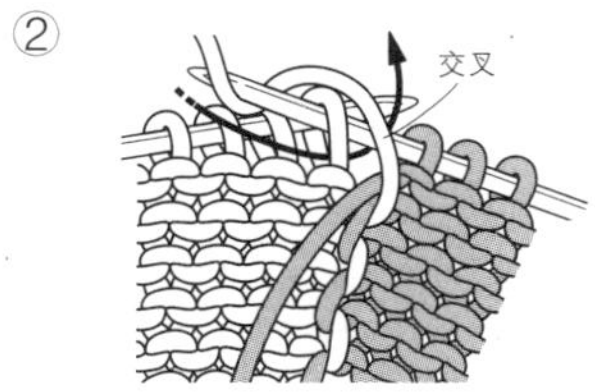

编织完配色线后，让底色线和配色线交叉。

24 | 29页

29页

●**材料** Meteor(粗)红色系(807)300g/8团
●**工具** 钩针6/0号
●**成品尺寸** 胸围96cm，衣长48cm，连肩袖长24cm
●**编织密度** 1片花片24cm×24cm；10cm×10cm面积内：长针21针，11行
●**编织要点** **后身片** 锁针起针，挑起锁针的半针和里山钩织长针。**前身片** 连接花片。花片钩织6针锁针起针，环形编织。第1行立织3针锁针，钩织15针长针。第2~11行按照图示钩织。钩织4片花片后，挑起边缘半针做卷针缝缝合。**组合** 肩部做半针的卷针缝缝合。胁部留出袖口，使用毛线缝针做挑针缝合。

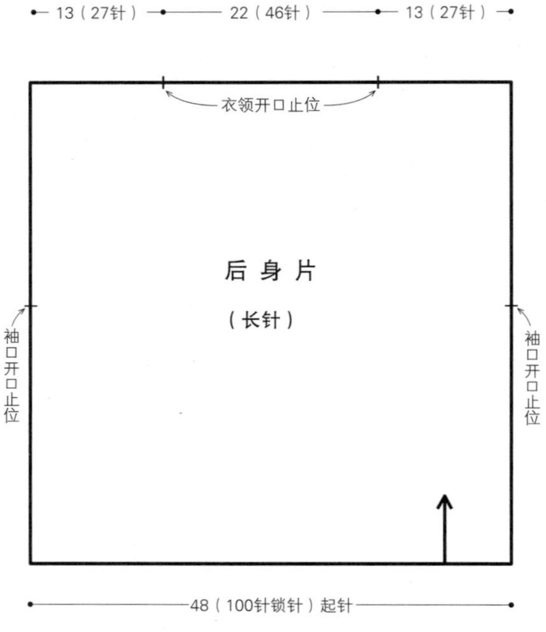

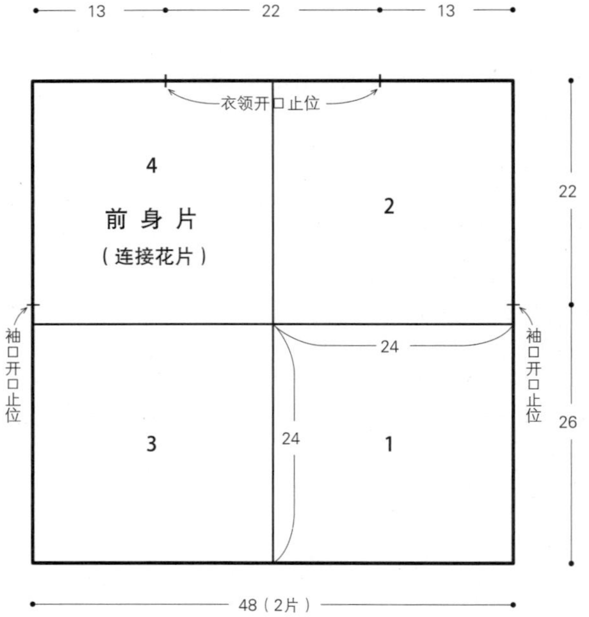

※全部使用6/0号针编织

长针

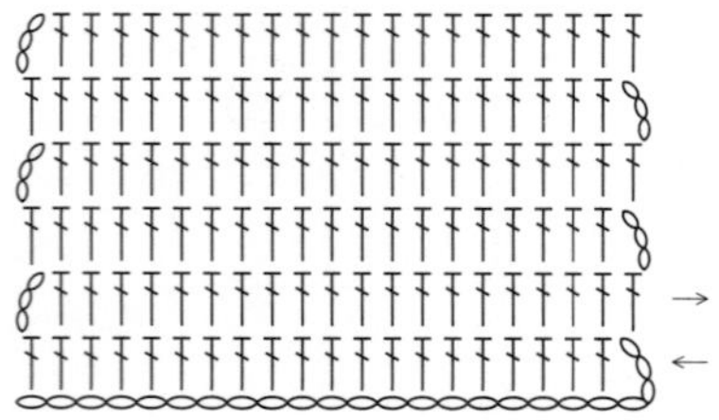

半针的卷针缝

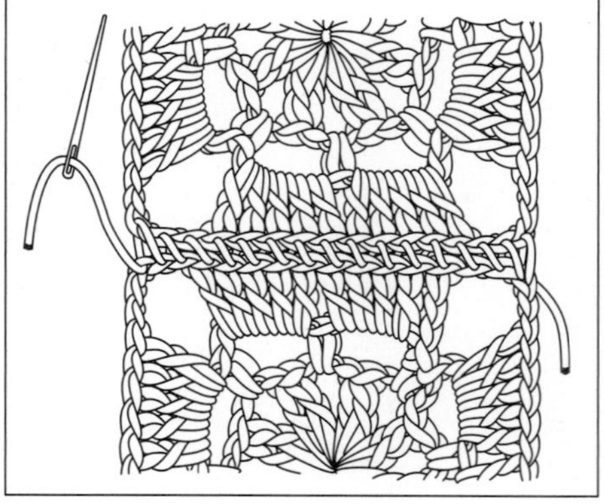

花片 4片

花片的连接方法

花片 4片

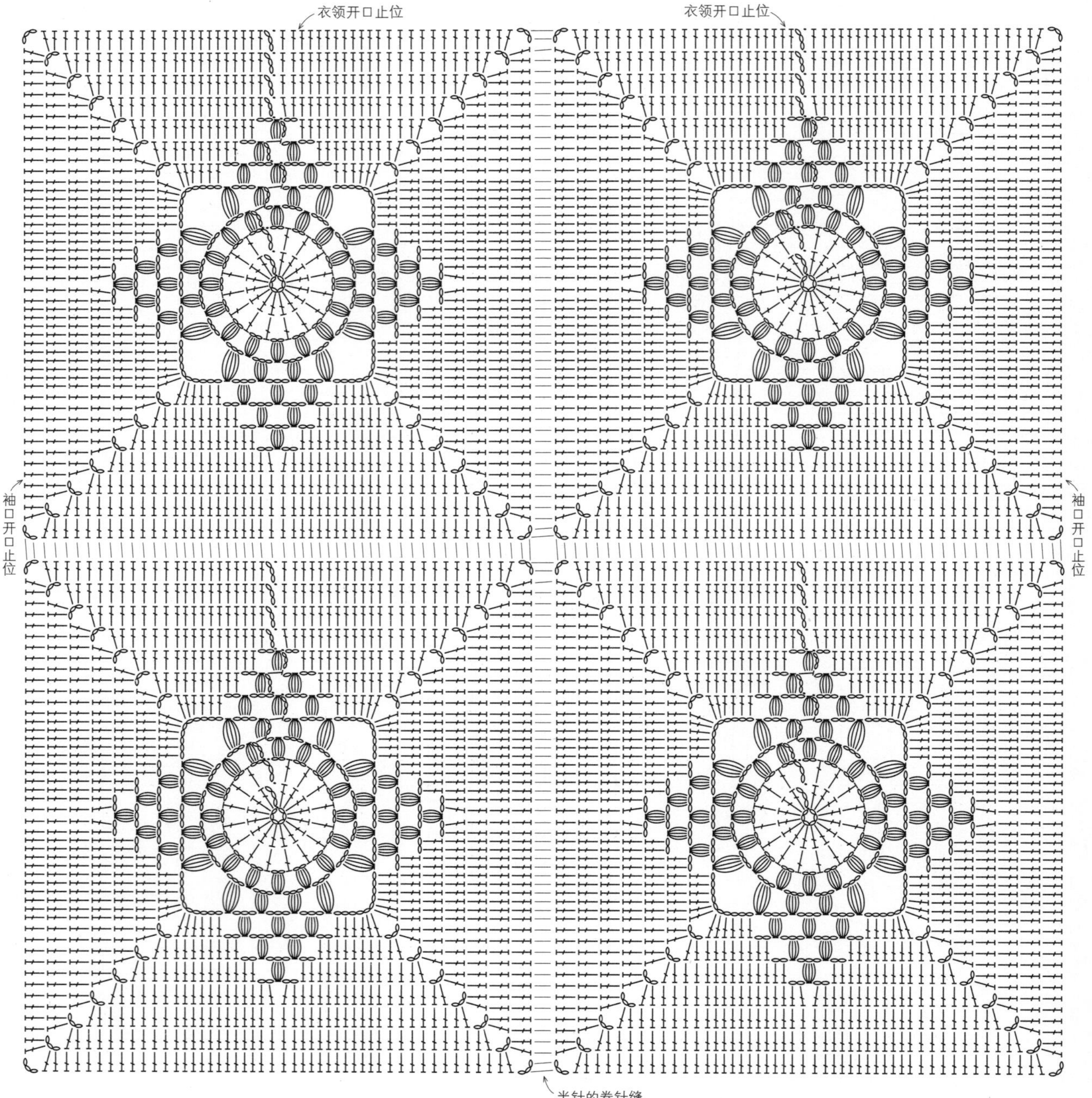

26 | 31页

●**材料** Lecce(中细)绿色、蓝色、褐色系多色混合段染线(403)185g/5团，粉色、紫色、绿色系多色混合段染线(415)20g/1团，直径1.8cm的纽扣6颗

●**工具** 棒针5号，钩针5/0号

●**成品尺寸** 胸围94cm，衣长52cm，连肩袖长23cm

●**编织密度** 10cm×10cm面积内：编织花样A30针，24行

●**编织要点** **后身片** 手指起针，从下摆的双罗纹针开始编织，编织24行。接着，在第1行编织1针加针，做编织花样A。胁部不加减针做编织花样。袖窿休针，编织1针卷针加针。领窝编织伏针和立起侧边1针减针，肩部休针。**前身片** 起针方法和后身片相同，按照相同方法编织。左右对称编织2片。**组合** 肩部将前后身片正面相对对齐，钩织引拔针接合。袖口从前后身片挑针，做编织花样B，然后做伏针收针。身片和袖窿对齐针与行缝合。依次编织前门襟、衣领，在右前门襟上制作纽襻。左前门襟缝上纽扣。

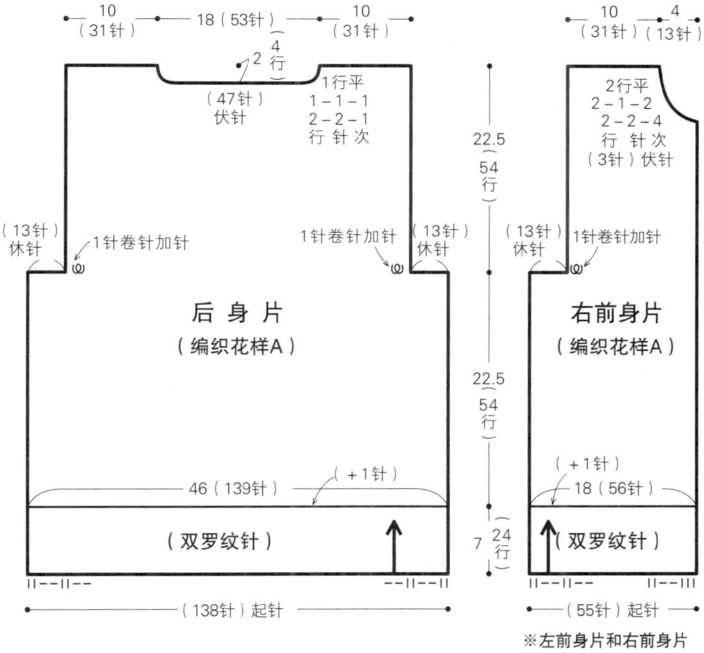

前门襟、衣领、袖口
(编织花样B)

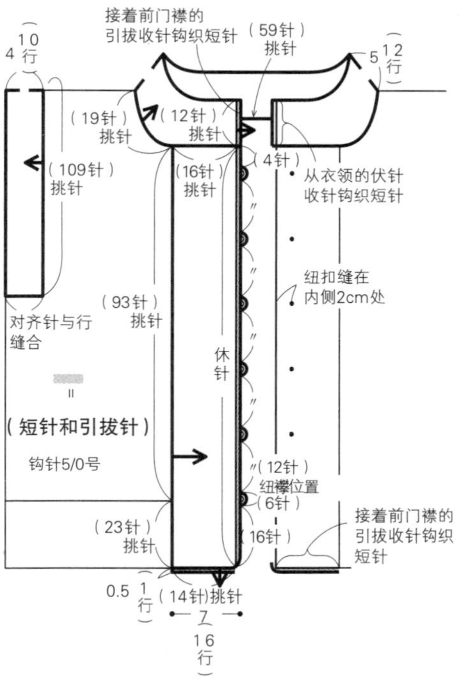

※除指定(编织花样B)以外均用绿色、蓝色、褐色系多色混合段染线编织

※除指定以外均用5号针编织

扣眼(右前门襟) 5/0号针

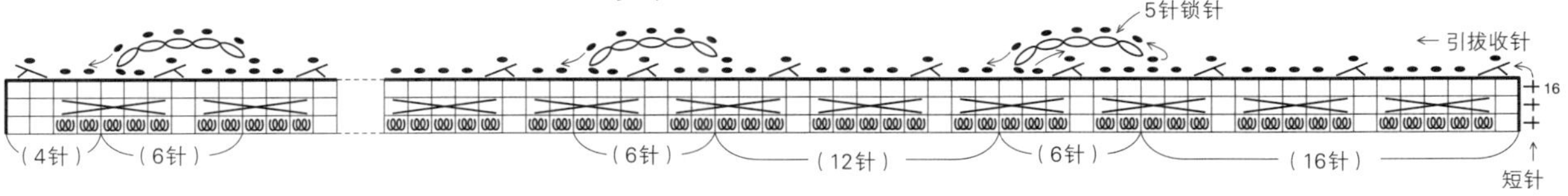

编织花样B

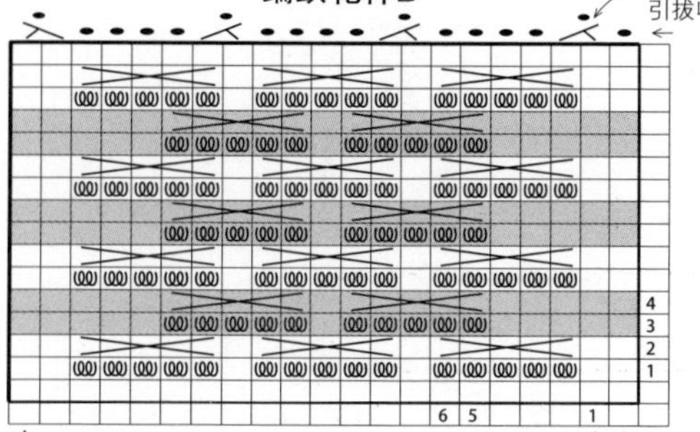

▒ = 粉色、紫色、绿色系多色混合段染线

编织花样A

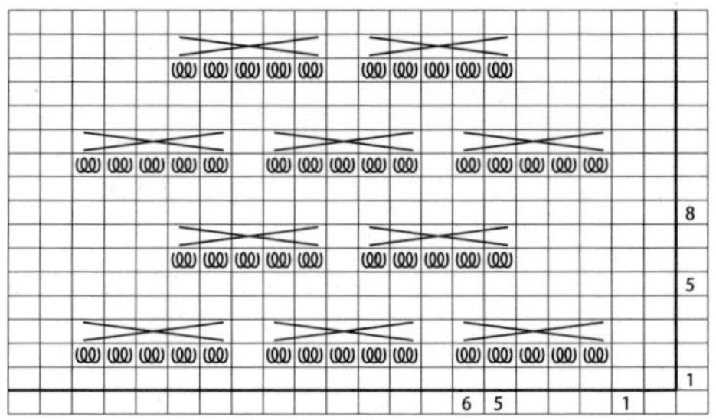

□ = ▯ 下针

(00) = (00)/2 绕线编（绕线2次）
（因为是上针行，这里要编织上针的绕线编）

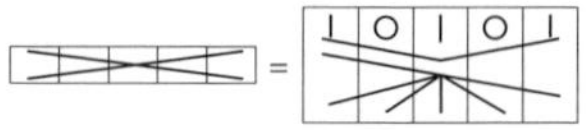

从棒针上取下前一行的5针绕线编，从5针的后侧入针编织下针、挂针，在同一针中编织下针、挂针、下针

后领窝

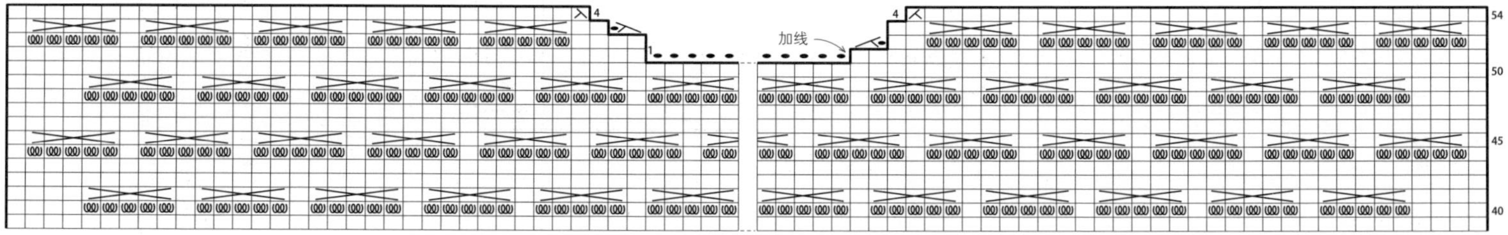

□ = ▯ 下针

绕线编（绕线2次）
（下针的绕线编）

①

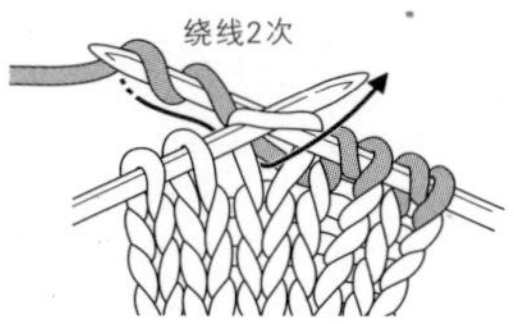

将右棒针插入，绕线2次（编织符号中的数字是绕线次数），将线拉出。

②

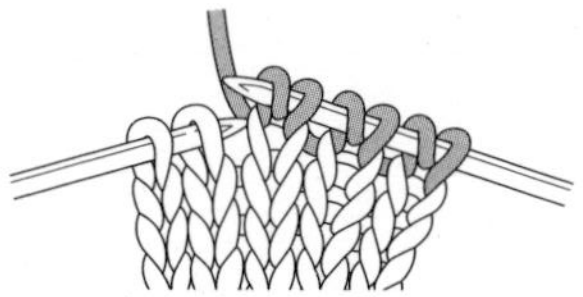

拉出后的样子。

右前身片的编织方法图

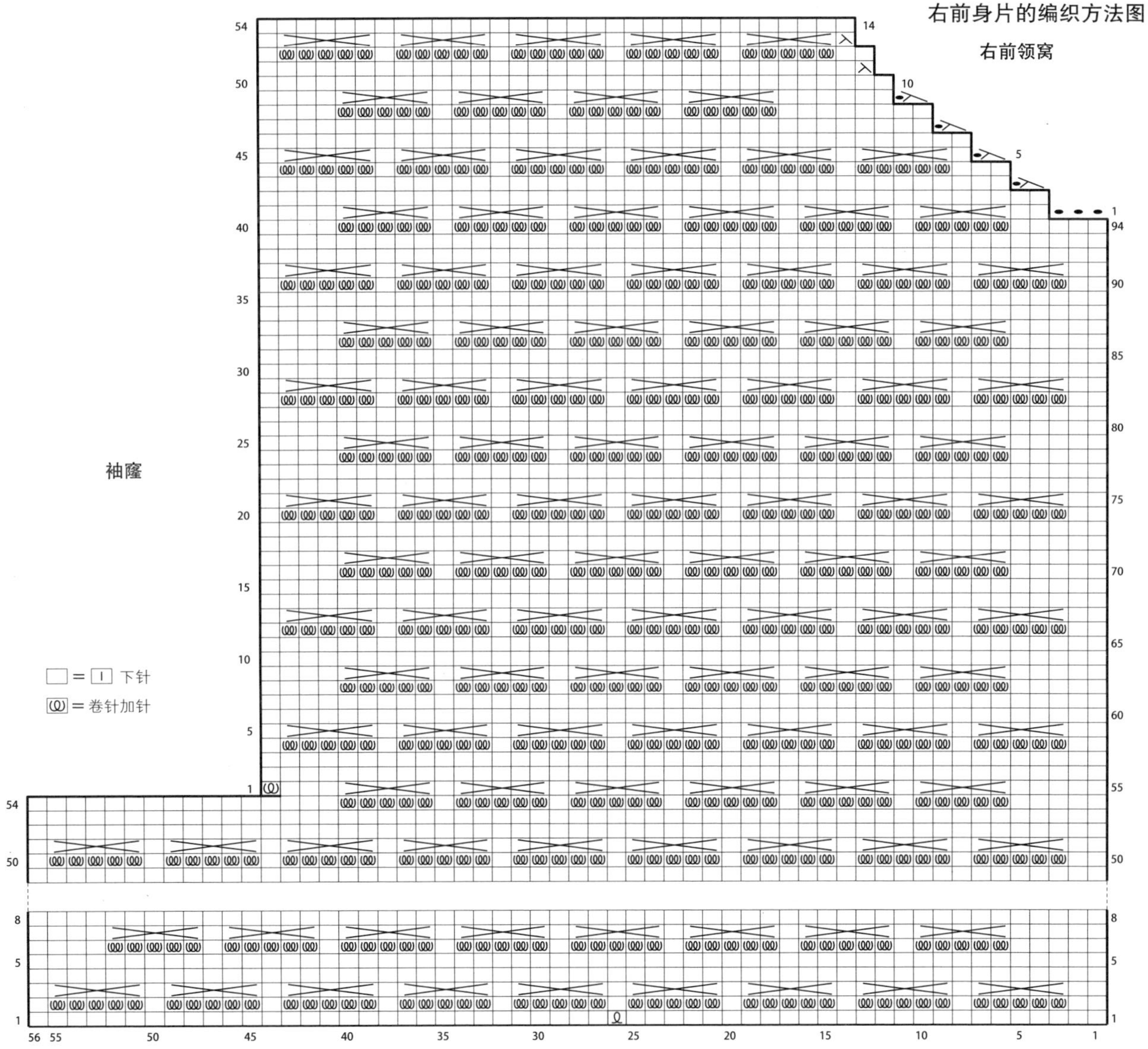

□ = Ⅰ 下针

(Q) = 卷针加针

25 | 30页

●**材料** **作品a**：Nuvola（中粗）炭灰色（410）90g/2团，Libellula（超级粗）灰色系深浅（8）40g/1团。**作品b**：Nuvola（中粗）卡其色（407）90g/2团，Libellula（超级粗）绿色系多色混合段染线（2）40g/1团

●**工具** 钩针8/0号

●**成品尺寸** 作品a、作品b均为包底直径16cm，深22cm

●**编织密度** 10cm×10cm面积内：短针16针，18行；编织花样17针，23行

●**编织要点** 看着包包主体内侧钩织，将反面当作正面使用。从包底开始编织。用线头环形起针，第1行在环形中钩织6针短针。按照图示，一边加针一边环形编织14行。侧面钩织短针，包口做编织花样。提手钩织锁针起针，挑起锁针的里山钩织短针。包口在1行内侧折回，做半针的卷针缝缝合，然后将提手缝在相应位置。

包包主体

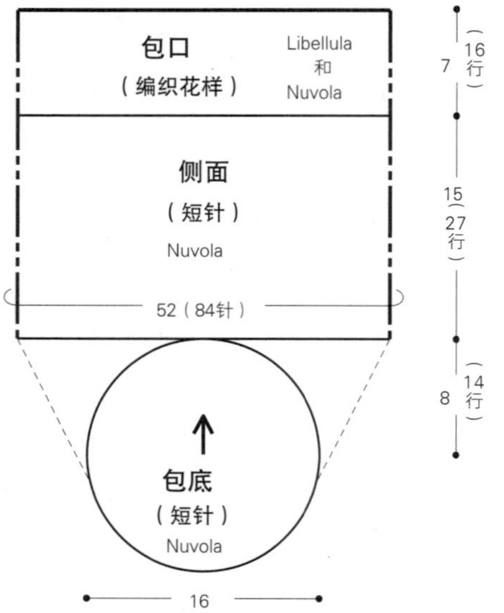

提手
（短针）
Nuvola

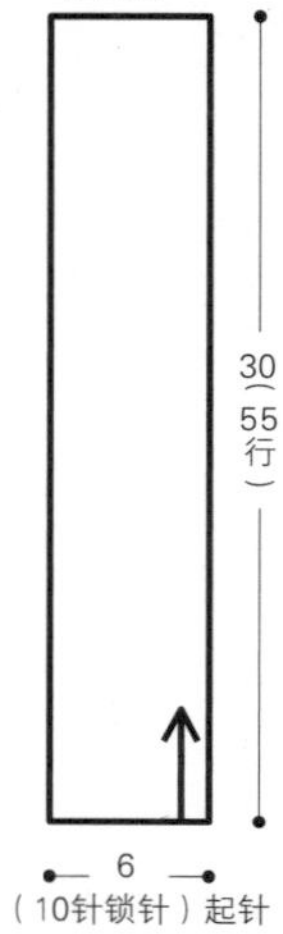

※全部使用8/0号针编织

提手的安装方法

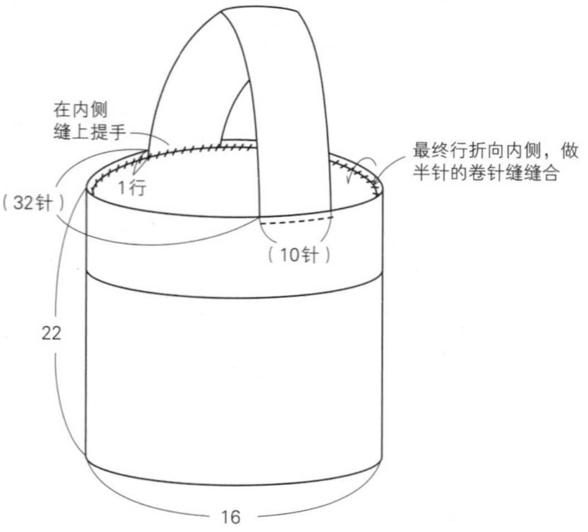

提手（短针）
Nuvola

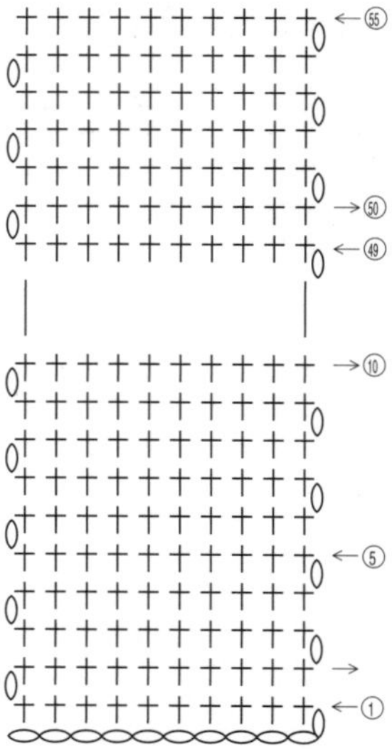

包包的编织方法

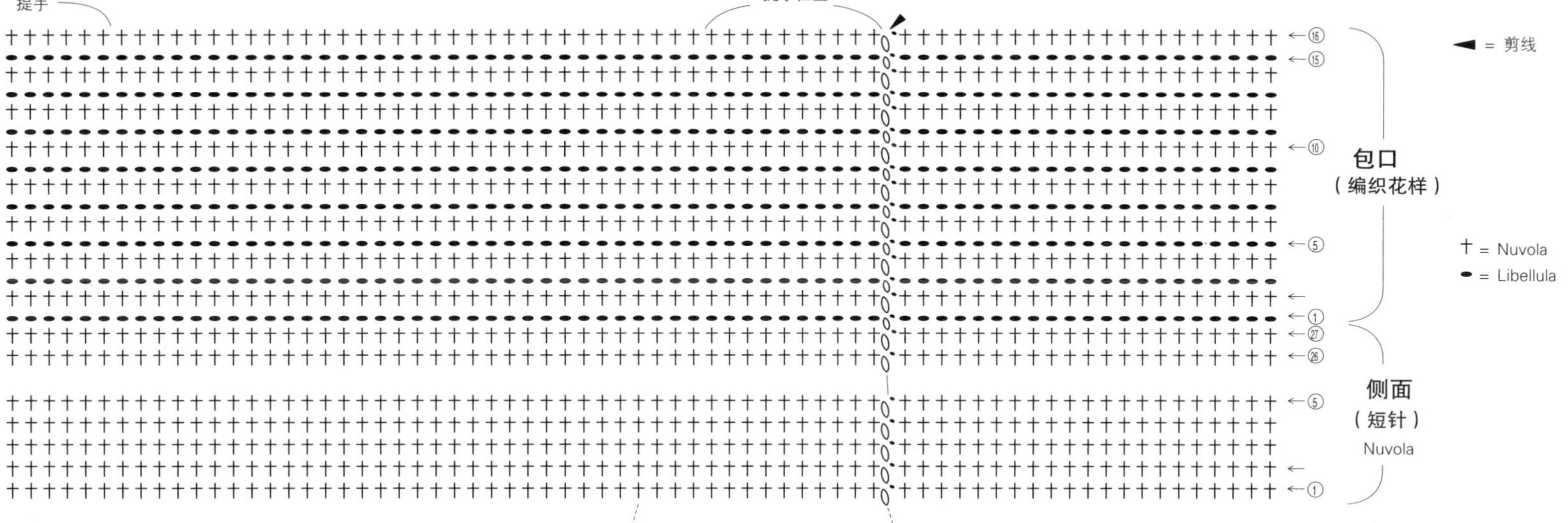

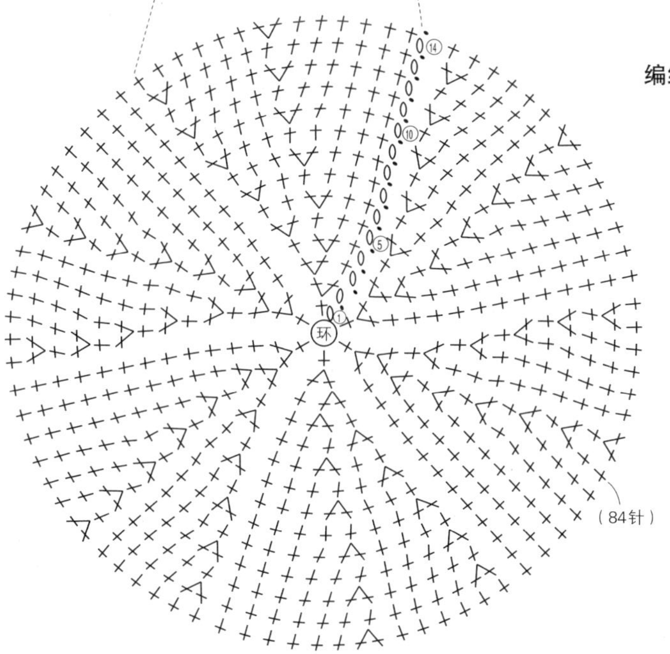

包底（短针）
Nuvola

※看着内侧钩织（织片的反面当作正面使用）

编织花样的编织方法

※编织时使1针引拔针上出现1个蜻蜓装饰

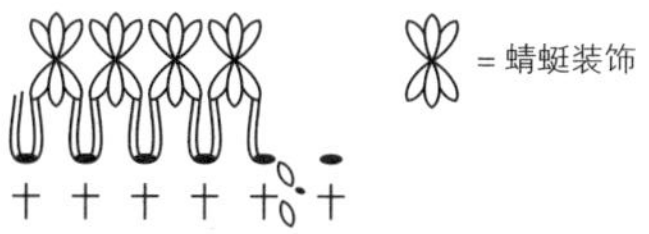

包底的加针方法

行数	针数	加针
14	84 针	每行加6针
13	78 针	
12	72 针	
11	66 针	
10	60 针	
9	54 针	
8	48 针	
7	42 针	
6	36 针	
5	30 针	
4	24 针	
3	18 针	
2	12 针	
1	6 针	

棒针编织基础

使用毛线缝针做挑针缝合

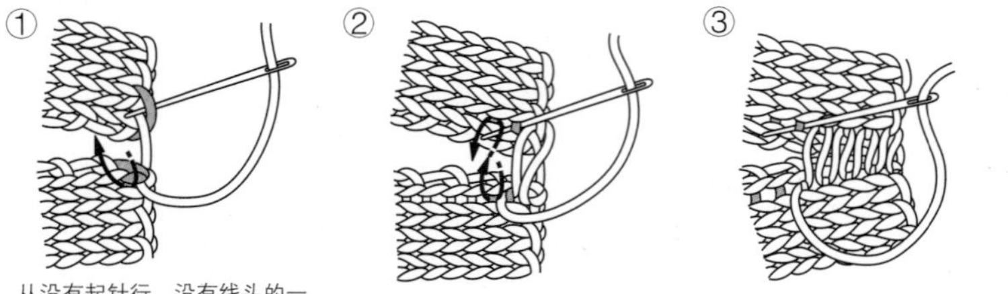

① 从没有起针行、没有线头的一端挑针，将毛线缝针插入上侧的起针。

② 逐行交错着挑起1针内侧的渡线。

③ 拉紧线，不要让针目露出来。

上针编织的挑针缝合

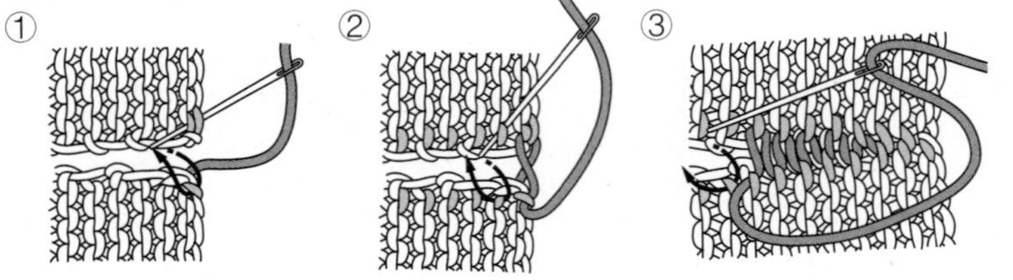

① 从没有起针行、没有线头的一端挑针，将毛线缝针插入上侧的起针。

② 交叉着挑起端头1针内侧下方的针目，将线拉好。

③ 拉紧线，不要让针目露出来。

滑针（1行的情况 ）

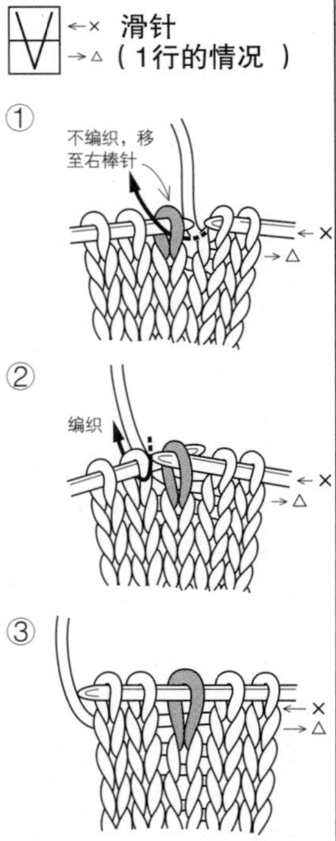

对齐针与行缝合

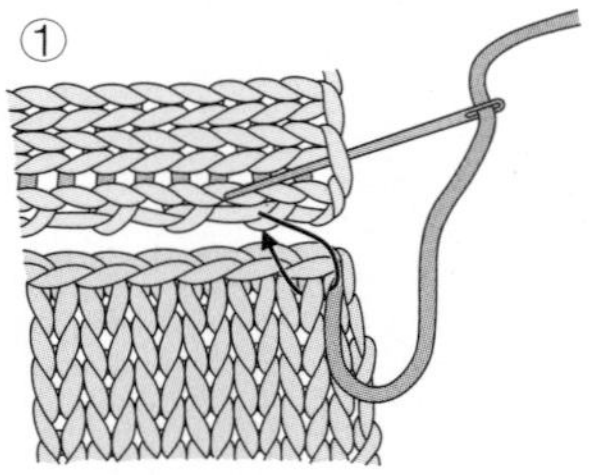

伏针收针的一侧在下，如图所示挑起编织行起点和下侧织片的针目。上侧的编织行，在针目之间挑针。

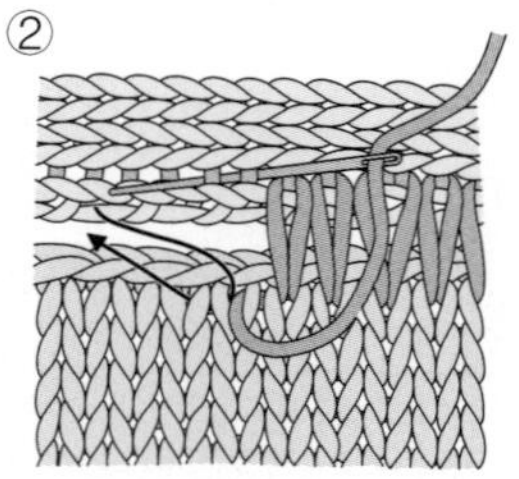

按照下针的要领挑针。如果行比针长，要偶尔一次挑2行进行调整。

引拔接合

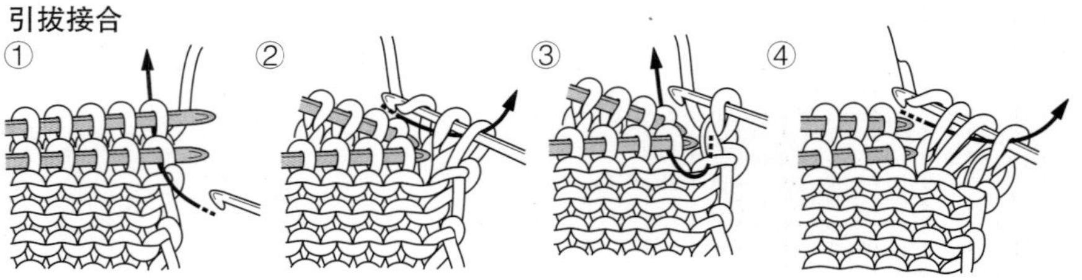

盖针接合（使用钩针时）

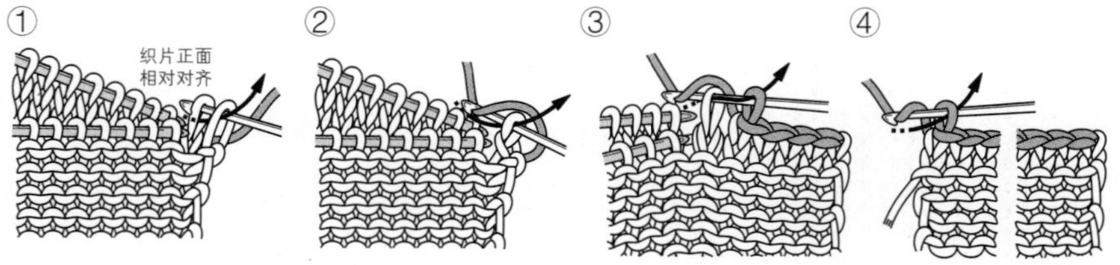

5 1针放5针的加针

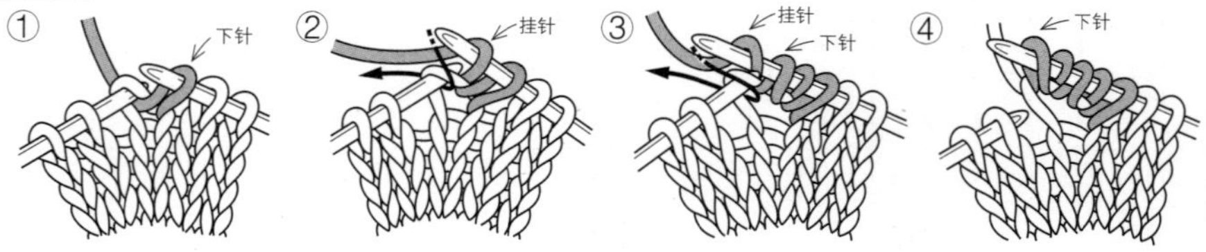

钩针编织基础

锁针起针

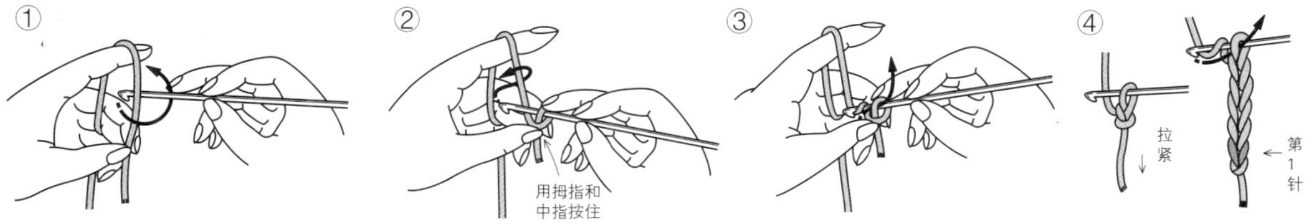

用长针连接花片的方法

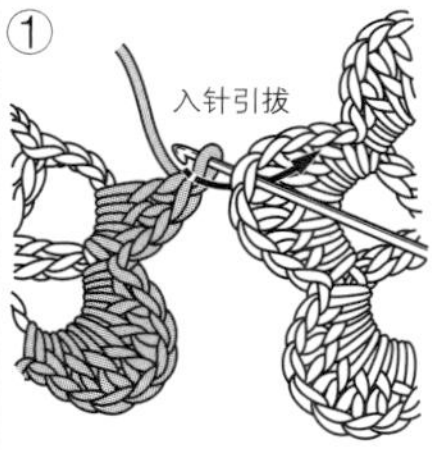

在连接位置抽出钩针，插入需要连接的花片，将刚刚抽出的针目拉出。

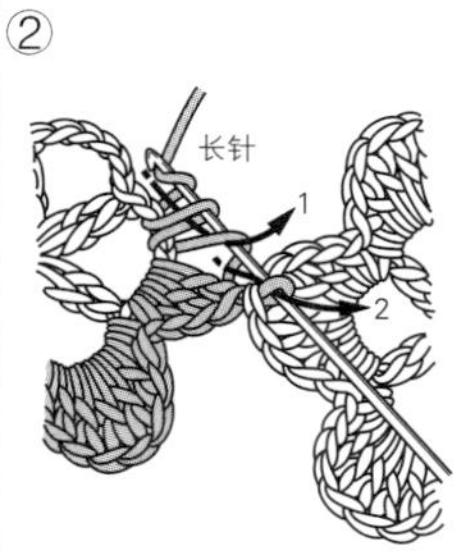

钩织长针，花片连在了一起。

环形起针（在食指上绕线）

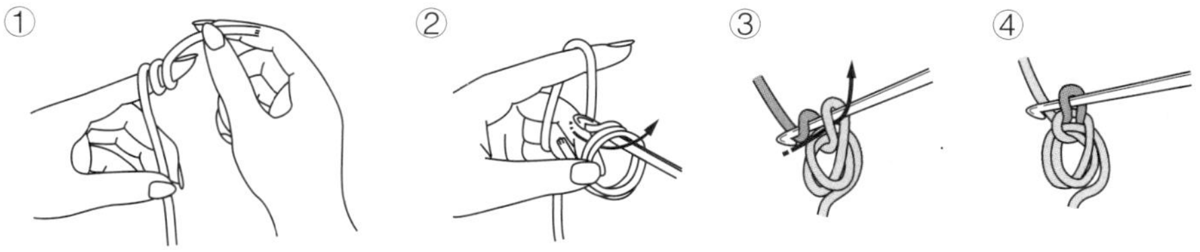

半针的卷针缝缝合

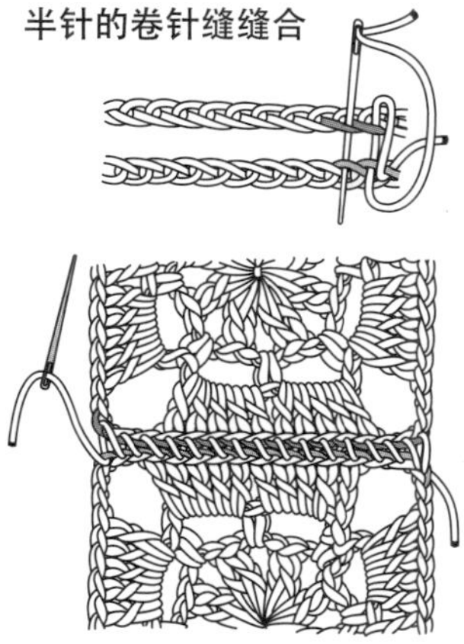

锁针和引拔针接合

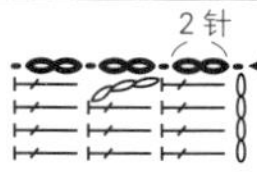

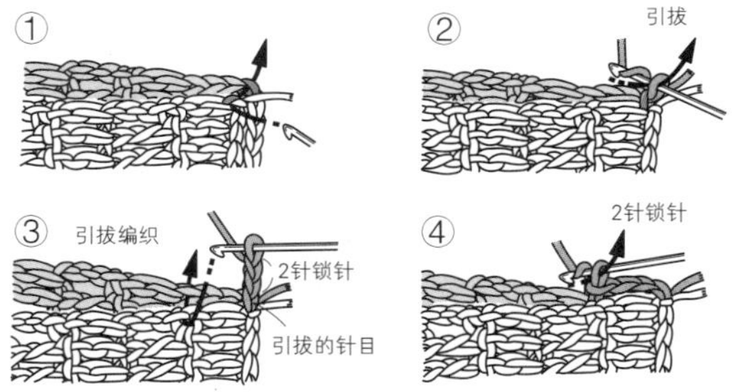

渡线

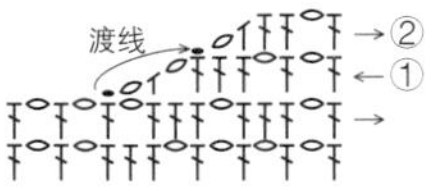

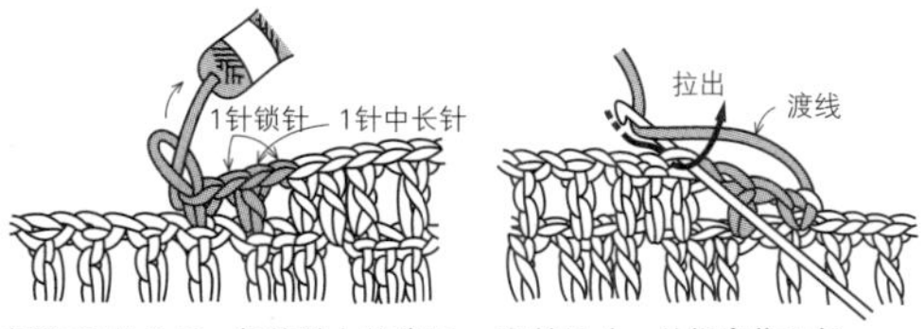

在第1行的最后，将钩针上的线圈拉大，将线团从中穿入，然后将针目拉紧。

翻转织片，从指定位置拉出线，继续编织。

花片的连接方法（钩织引拔针连接）

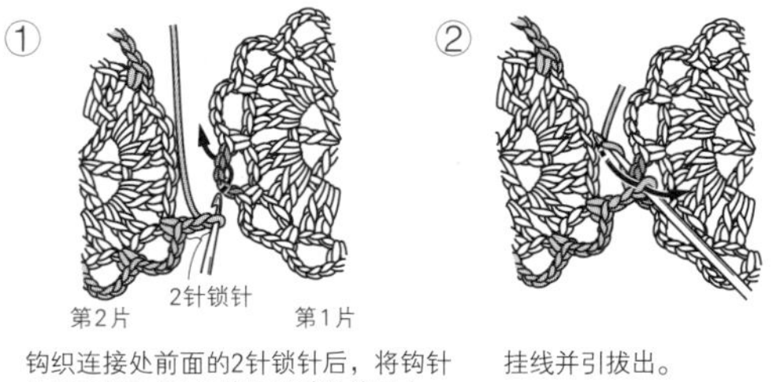

钩织连接处前面的2针锁针后，将钩针从正面插入第1片花片的锁针线圈中。

挂线并引拔出。

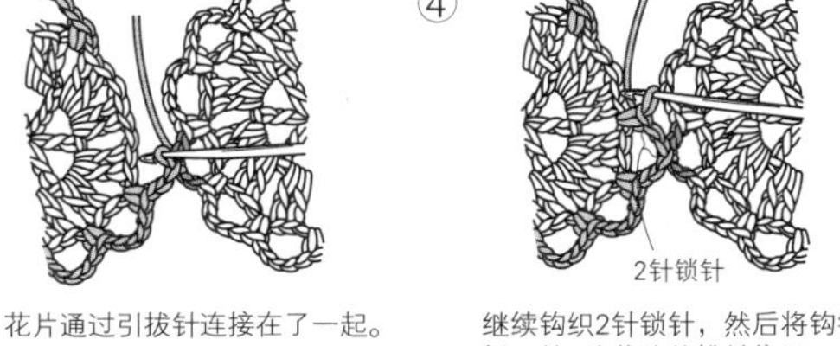

花片通过引拔针连接在了一起。

继续钩织2针锁针，然后将钩针插入第2片花片的挑针位置。

Photographers: Hironori Handa, Noriaki Moriya
Original Japanese edition published in Japan by NIHON VOGUE Corp.
Simplified Chinese translation rights arranged with BEIJING BAOKU INTERNATIONAL CULTURAL DEVELOPMENT Co., Ltd.

备案号：豫著许可备字 -2021 - A-0140

图书在版编目（CIP）数据

欧洲编织. 18, 居家时光的手编 / 日本宝库社编著 ；如鱼得水译. —郑州：河南科学技术出版社，2022.1（2024.10重印）
ISBN 978-7-5725-0622-2

Ⅰ. ①欧… Ⅱ. ①日… ②如… Ⅲ. ①手工编织—图解 Ⅳ. ①TS935.5-64

中国版本图书馆CIP数据核字(2021)第231706号

出版发行：河南科学技术出版社
地址：郑州市郑东新区祥盛街27号　　邮编：450016
电话：（0371）65737028　65788613
网址：www.hnstp.cn
策划编辑：刘　欣
责任编辑：刘　瑞
责任校对：刘淑文
封面设计：张　伟
责任印制：张艳芳
印　　刷：河南新达彩印有限公司
经　　销：全国新华书店
开　　本：889 mm × 1 194 mm　1/16　　印张：6　　字数：170千字
版　　次：2022年1月第1版　　2024年10月第4次印刷
定　　价：49.00元

如发现印、装质量问题，影响阅读，请与出版社联系并调换。